The Treasure of The City of Ladies

淑女的美德

（法）克里斯蒂娜·德·皮桑 著
张 宁 译

江西人民出版社

图书在版编目（CIP）数据

淑女的美德／（法）克里斯蒂娜·德·皮桑著；张宁译.
-南昌：江西人民出版社，2009.11
(汉译名著系列)
ISBN 978-7-210-04048-4

I. 淑… Ⅱ.①皮…②张… Ⅲ.女性-修养-通俗读物
Ⅳ.B825-49

中国版本图书馆CIP数据核字（2009）第013296号

淑女的美德
（法）克里斯蒂娜·德·皮桑 著
张宁 译
江西人民出版社 出版发行
四川五洲彩印有限责任公司印刷 新华书店经销
2009年11月第1版 2009年11月第1次印刷
开本：700毫米×1000毫米 1/16 印张：13. 25
字数：100 千 印数：1—5500册
ISBN 978-7-210-04048-4 定价：25.00元

江西人民出版社 地址：南昌市三经路47号附1号
邮政编码：330006 **传真电话：**6898827 **电话：**6898893 **(发行部)**
网址：www.jxpph.com
E-mail:jxpph@tom.com web@jxpph.com
(赣人版图书凡属印刷、装订错误，请随时向承印厂调换)

淑女的美德

这是一部不同类型的著作
其中没有女性主义的辩论
而更像是关于生存和礼节的实用生活指南。

目录

第二部分

第三部分

出版前言

法国女作家克里斯蒂娜·德·皮桑（1365—1430年）是欧洲第一位专职的女性作家，也是为数不多的杰出知识女性之一。在她的同时代和之后一个世纪，她颇受人尊敬，但之后却令人惊讶地被忽略。她的代表作《妇女城》（学林出版社2002年版，李霞译）和本书《淑女的美德》，到今天仍是许多著名大学西方文明课的必读书目。克里斯蒂娜在道德、教育、统治的艺术、战争的行为及查尔斯五世的生平和时代诸方面都有精彩的描写和论述。她是一位出色的诗人，也是一位维护正义的战士。但后世批评克里斯蒂娜的学者们多受到诸多偏见的影响，从受到承认和被引用的广度来说，她比不上其他的经典作家。

早期生活

克里斯蒂娜的父亲托马斯·德·皮桑（Thomas de Pizzano）是意大利的一位著名医生。幼年时，克里斯蒂娜随父前往法国，受到查尔斯五世的亲切接见，之后父亲服务于法国皇宫，克里斯蒂娜也一直生活在法国。

克里斯蒂娜从父亲那里受到的教育对于一个14世纪的淑女来说实属罕见。她可以阅读法文和意大利文，但绝大多数时候她阅读翻译成法文的拉丁文著作。这都为她后来成为一位独立的学者和作家奠定了良好的基础。

1380年，15岁的克里斯蒂娜在父亲做主下嫁给了一位年轻贵族艾提尼·德·卡斯德勒（Etienne de Castel），这位年轻人后来成为国王的秘书和公证人。当两家人正准备享受稳妥富裕的生活时，灾难来临。44岁的查尔斯五世于1380年9月16日过世。克里斯蒂娜后来写道："通往不幸的大门向我们打开了，而我，虽然年龄尚轻，却要义无反顾地走进去。"查尔斯五世提供的抚恤金突然中止，支付托马斯的薪水也骤减。

1385到1390年之间，父亲托马斯·德·皮桑和丈夫艾提尼相继患病去世，留下25岁的克里斯蒂娜，不但要抚养三个孩子，还要支撑自己的母亲和一个侄女的生活。面对高筑的债台和6个人开销的艰辛生活，克里斯蒂娜开始了写作。幸运的是，她最初的努力——传统的爱情叙事曲及其他写于1393年的叙事作品获得了极大成功。在以后的10年间，她手中的笔成了谋生工具。

作家生涯

克里斯蒂娜逐渐进入写作这个行业，一半是出于兴趣，一半是为生计所迫。她在自己的作品中，曾描述了作为一个寡妇的困境，以及陷在无穷遗产官司中的窘迫。她也多次使用命运女神和转轮的象征：一个人可能一时享有荣华富贵和好运气，但当命运之轮一转，就可能沦陷到穷困的低谷。对于克里斯蒂娜来说，这不仅是文学上的修辞，更是真实生活的写照。

在14世纪，专职作家的谋生方式堪称大胆，在她之前没有其他女性尝试过。克里斯蒂娜将自己装潢精美的作品献给贵族和夫人们，后者也大方地付给她酬金。一些权威学者开始了对这位勇敢寡妇的关注，各阶层的读者也非常认可这位职业的女性作家。

克里斯蒂娜提供了很多非常有价值的建议，贵族们争着收藏她的作品，她的名气很快超越了法国国界。

代表作品

1404年，克里斯蒂娜写了《妇女城》这部有着松散寓言结构的著作。这个城是所有美德妇女的避风港。书中塑造了一群美好、可爱的女性形象，既挑战此前许多男性的恶意中伤，也否定浪漫骑士精神中完美而遥不可及的女性想象。在克里斯蒂娜看来，女性必须受教育，女性和男性在智力上没有太大的区别，女性同男性一样拥有人类的众多美德，能为他人乃至整个社会带来益处，这无疑给了视野狭窄的女性以信心去选择更好的生活。可以说，《妇女城》既是为女性的权利与地位勇敢呐喊的第一力作，又是代表女性文学文本性质的开篇之作，其社会意义和文学价值应得到足够的肯定。在此之前，不曾有哪位女性如此充满自信地公开肯定自身的价值和意义，也没有哪一位男性给予过女性这样高的认可和期待。

《淑女的美德》

1405年，克里斯蒂娜开始写作《妇女城》的姐妹篇——《淑女的美德》。这是一部不同类型的著作，其中没有女性主义的辩论，而更像是关于生存和礼节的实用生活指南。她的笔调细腻务实，又透着冷冷的幽默，在中世纪欧洲文学中很难再找到如此实用的建议。比如对于婚姻，她认为如果不是为了信仰的缘故，女人迟早要结婚，但同时又提醒读者，婚姻并不总是好过独立自主的生活；对于分配收入和避免举债，克里斯蒂娜也提供了量入为出的五分法建议。她主要针对的是有权势的贵族女性，但也包括最贫穷的农妇、寡妇、妓女和修女。书中充满了生动的生活小品，其真实性令人震惊。

克里斯蒂娜最关切的事之一就是和平，她提出淑女的必备美德之一就是维护和平。她认为男人倾向于冲动，女人的职责就是在充满敌意的环境里带去和平与理性。一位淑女应该让自己成为矛盾的调解人，无论是国事还是家事，女人应该有技巧地在幕后工作。

克里斯蒂娜对15世纪初骑士故事的记述，是今日唯一能得到的通过女性视角的描写，很好地平衡了我们从男作家笔下得到的浪漫骑士之爱的印象。她想要传递的信息相当明确：在宫廷中向女士大献殷勤的男人是靠不住的，他们可以为了达到目的作出任何承诺。

后期作品

1409年，她写了《七首寓言诗》，其中包括在特别请求下为某个文学流派练习所作的精美祷告词。第二年夏天，她的作品更显示出对公共事务关注的兴趣。

她有19或20部以诗歌和散文为主体的作品，还有一部教导小王子的书《政体》（*The Body of Policy*）。

在《论骑士精神和武装的胜利》（*The Book of Feats of Arms and of Chivalry*）一书中，她收集了很多经典作家的智慧见解，同时加入了她自己的观察和论述。

《赞美圣女贞德》（*Hymn to Joan Arc*）在克里斯蒂娜的作品中并不算特别重要，但它是唯一一部与贞德同时代的赞美文，以及在审讯记录之外关于贞德事迹的重要文献。

她最后一部主要作品《论和平》在1414年的新年献给了贝里公爵。

在进入修道院之前，她写了最后一部作品《人类生命之监禁的信件》（*Letter of the Prison of Human Life*）。1418年，克里斯蒂娜为逃离内战进入了一所可能位于普瓦西的修道院，她的女儿也在那里做修女。克里斯蒂娜没有完全停止文学创作，她写了一些鼓励妇女的祷告词。

克里斯蒂娜死亡的日期和地点不得而知。普瓦西的修道院已经毁坏，所有的记录也被破坏了。但克里斯蒂娜从没有被完全遗忘。她的作品曾经被发现、再发现、被错待或被别人署名，但最终，她将拥有自己的位置，与中世纪所有伟大的作家们济济一堂。

虽然当今的社会环境已与中世纪全然迥异，但克里斯蒂娜在书中的许多教导，仍对今天的女性有着积极的意义，如她倡导的自尊自爱、敬虔仁慈、忍耐谦卑、关心穷人等美德。对于女性的婚姻、礼交、理财等方面，她也提出了很多实用和妥贴的建议，充满生活的智慧。

值得一提的是，克里斯蒂娜是一位虔诚的基督教徒，本书也不可避免地打上了那个时代和作者个人信仰的烙印。为保持一部中世纪名著的原貌，我们没有对其进行删节，相信读者自有取其精华的辨别能力。

第一部分

1 淑女的美德之书的缘起

在三位美德女神——理性女神、正直女神和正义女神——的帮助和督促下，我修建了“妇女城”，其过程和城的样式已详细记载于前本书中。[1] 为了完成这个工程，我比任何人都勤奋地工作，长时间的劳累使我疲惫不堪。我现在唯一想做的一件事就是休息，闲散地度过一段时间。但就在同时，那三位女神再次向我显现，她们迫不及待地便开始向我发问：“什么？我勤奋的女儿，你已经要放下那智慧的工具，复归于沉默了吗？你准备让你的笔墨枯干，让你的右手无所事事吗？你忘记了曾在执笔中享有的快乐，现在预备要听从懒惰的教诲了吗？要知道，当你向懒惰伸出耳朵的时候，它就会用甜蜜的声音告诉你：‘够了。你已经做得够多了，现在是休息的时候了。’

“但你忘了塞内加[2] 说的话了吗：虽然智者也需要在辛勤工作之后休息整顿，[3] 但现在却不是停止做工的时候。你可不像是那种中途放弃的人。在胜利到来之前离开战场，对骑士来说是极大的羞辱；因为胜利的冠冕总是属于那些坚持到底的人。好了，现在请起来吧，准备好你的笔，抖落懒惰的灰尘！

“请听我们要对你说的话：你将要完成一项更加伟大的工作。我们并不想让你过度劳累，但之所以如此做，是实在考虑到这项工作的美好，并依从上帝为我们所树立的榜样。上帝创造世界的时候，看着他手中的工作都是好的，于是他便祝福那些受造物。然后他造男人、女人和动物。同样，我们之前的工作——《妇女城》，也是这样美好，成为很多人的祝福，而我们现在着手要做的，影响却要更加深远。

“正如聪明的捕鸟人在捕获猎物之前要布好网罗，我们希望在修建了尊贵淑女们居住的城池之后，再次请你帮助我们在全地之上，在一切高贵的和普通的女性们可能经过或聚集的地方铺设灵巧的‘机关’，让那些不受约束、不驯服的女子落在我们的‘网’中，没有人、或者只有极少数人可以从中逃脱。她们中的大部分将被安置在我们荣耀的城中，和城中的公民——那些最尊贵的淑女们，一起同声高唱和散那④”

我，克里斯蒂娜，在聆听了我尊敬的老师们温柔的教导之后，心中充满喜乐，身体因幸福不住颤抖着。我站起身来，匍匐在她们的脚前，如此渴望献上自己，帮助她们实现这美好的愿望。随即我听到她们的命令：“拿起笔来写吧。居住在我们城中的、扩展美德国度的人有福了。但愿在一切女性的课堂和敬虔聚会的场所中都能听到这些关于智慧的教导。首先是对皇后、公主和贵族夫人们，然后是对社会各阶层的女性，我们将传授关于淑女美德的教导，使之成为她们众人宝贵的功课。阿门。”

注解：①本书堪称《妇女城》的续篇。克里斯蒂娜的《妇女城》写于1404年，稍早于本书的写作，并大量借鉴了薄伽丘（1313-1375）《名女》（De Claris Mulieribus）中的故事。克里斯蒂娜在薄伽丘的故事中注入了女性主义的活力，有力地驳斥了她那个时代盛行的憎恶女性的风尚。事实上，那个时代男性作家认为女人所缺少的美好品质，都可以在“妇女城”中的女性身上找到。克里斯蒂娜用她那优雅的文风强有力地证明无论男人女人身上都

有优缺点，对女性普遍的指责是不合理的。

②塞内加（Lucius Annaeus Seneca，公元前2年 — 公元后65年），是一位多产的罗马作家、演说家、斯多葛学派哲学家和宣讲人。

③在克里斯蒂娜的时代有一句类似的法国谚语：工作后，休息最愉快。

④和散那，语出《圣经》，在旧约时代的原意是“神啊，求你拯救”，在新约时代已经成为一种类似“荣耀啊”的赞美欢呼声。

2 三位女神催促所有的女性包括高贵的夫人们都来听她们的训诲。第一课，是爱和敬畏上帝。

我们理性、正直和正义三姐妹——上帝的女儿——问候所有在当今世界中的淑女们。

我们被仁慈的爱所激励，渴望看到所有的女性幸福、安康、心灵成熟、满有尊贵和荣耀。我们希望没有任何事物可以拦阻你们得到这些祝福，因此，我们以迫切诚挚的心来教导你们。来吧，你们每一个人，跟我们来到智慧的讲堂。出身名贵的女性们，不要因为你们的地位高贵而不愿意谦卑地来听我们的教训，上帝说过，凡自卑的，必升为高。[①] 对于那些喜爱地上财富的人，这个世界上有什么比金银宝石更可爱呢？然而这些财富却不能真正提高一个人的价值，唯有高尚的品格，才能使得一个人更加高贵。因为美德可以流芳百世，而其他的都将如烟消逝。凡品尝过美德滋味的人，总是更加热烈地渴慕它，远胜过地上任何的珍宝。因着恩典和命运女神的眷顾而出身高贵

的女士们，你们理应受到最好的教导。美德就如同摆在我们餐桌上的美食，我们很高兴首先和你们分享。我们教导的基石：爱和敬畏我们的主，这是智慧的源头，从这个源头可以生出所有其他美好的品德来。

在地上受到尊敬的公主和夫人们，请问，如何爱和敬畏我们的上帝超过我们爱世上的一切呢？为什么要爱他？因着他无限的慈爱和你从他那里领受到的如此多的祝福。敬畏他，因为他是上帝，拥有全然圣洁、审判万民的公义。如果你将这爱和敬畏上帝的心常常摆在眼前，你就已经行走在我们所要带领你走的路上，也就是通往美德的道路。所有爱上帝的心会通过好行为显明出来，这是确凿的，正如我们的主在福音书中所说的："我父的羊爱我，我也看顾他们。"② 这就是说，凡爱上帝的必追随他美好的足迹，而他也会使我们远离一些凶恶。这是爱上帝淑女们所当行的路，无论她高贵的地位带给她的职责和工作是什么，她总要注目面前这条笔直窄路上的光。这光将帮助她战胜一切的试探、驱散邪恶和罪的阴影，这正是下一节我们要谈的内容。

注解：①这句话是耶稣基督在福音书中的教导（《马太福音》23：12，《路加福音》14：11，18：14）。

②克里斯蒂娜在这里引用《约翰福音》第10章的内容。

3 试探如何临到高贵的淑女们

当一位公主或贵妇人在一天清晨醒来，看到自己躺在华丽的床榻上，身上盖着柔软的毯子，四围的布置照顾到她每一个细微的感受。侍女们关注着她一切的需要，让她不至于有任何的缺乏。她的一声轻微的叹息或一句话就会把她们召唤来，她们随时都准备着屈膝来服侍她、听她一切的吩咐。与此同时，试探也来到她的近旁，用甜蜜的声音对她说：“以全能上帝的名义，这个世界上还有哪一位淑女比你更伟大、更有权势？你需要听从谁呢？难道你不是在万人之上吗？这个或那个女人，即便她嫁给了一位伟大的王子，根本不能和你相提并论。你更富有，或者家世更高贵，或者因为你子女的缘故更受尊敬，又或者因为你丈夫的权力更被人敬畏、更有名望和权势。因此，谁敢让你不高兴？你难道不会使用你的权力和特权向那人报复吗？

“你的权力高过这个世界上最伟大的人。任何时候如果有哪个自高自大的男人或女人企图侵犯你的权利、让你不高兴，你都可以伺机报复。以你的力量，你完全可以做到这些。”

但这样做对你有什么好处呢?

“无论一个人多么的有能力，如果没有钱或者足够的财富资源，都不会成就任何事，也不会让人敬畏。能够聚集财富、照看好自己的需要，就好像是你最好的朋友，会给你最稳妥的保障。看到你的财富，谁还敢不服从你?即便你付给仆人很低的薪水，他们也乐意服侍你，因为他们晓得你的财富，并希望将来从你这里获得更多。这一点也不成问题，即便有人散播谣言，谣言也不能伤害你。你在乎什么呢?你所需要考虑的只是怎样取悦你自己罢了。在这个世界上，你有数不完的闲暇时间——你还需要什么呢?酒和美食从不缺乏，任何享受，只要你喜欢，就唾手可得。总而言之，除了为如何快乐度日绞尽脑汁以外，你不需要为任何事情忧虑。你只需要有一颗无忧无虑的心，除此之外，还必须拥有这件长袍、那件首饰、那些珠宝，还有那些特别剪裁特别制作的衣服。你认为这些都是你应得的。”

4 爱和敬畏上帝的淑女如何借着圣灵的启示抵挡试探

所有上述的情形，都是试探摆在每一个生活安逸之人前的美食。一位拥有美好品格的淑女，在遇到这些试探时该如何做呢？她需要依靠对主基督耶稣不动摇的爱和敬畏，主就会将真理指教她：“哦，被谎言所欺骗的愚蠢的人啊，你在想什么呢？你忘记自己到底是谁了吗？你没有意识到自己只是一个可怜的、软弱的被造之物，受限于一切凡人都为之所苦的缺陷、激情、疾病和痛

苦？你相比其他人有什么优越之处呢？华丽服饰之下的泥土比一块破布之下的泥土有何优势呢？可怜的人，你陷在罪恶和过失中，拒绝观看自己的本相，忘记了这可怜的躯体，它没有被美德所充满，反而渴想着一切的

荣耀和舒适，而这躯体，也终将快速消亡；和这世界上最贫穷的妇人一样，成为虫的食物，腐烂在泥土里，那可怜的灵魂什么也带不走，唯有在世时所行的善或恶还会有人纪念。到那时，你在今生所夸口的荣誉、财产和家庭对你有何价值？你在世所行的乖僻的事，会帮助你承担将来要受的煎熬吗？显然不会，但你的每一个过失都将导致你最终的灭亡。可怜的妇人啊，你如果生为一个贫穷的女人过着艰苦的生活，可能还好过现在的你过着这样高贵的生活，因为这将成为你被诅咒的源头（如果你不警醒的话）。就好比人在火中行走，怎能不自焚其身呢？

“你不记得上帝在福音书中所说的了吗：贫穷的人有福了，因为天国是他们的？[①] 在另一处他也告诉我们，富人进天国的门，比骆驼穿过针眼还难。[②]

“可怜的女人，你的眼睛是瞎的，看不到自己处境的危险。因为虚假的荣耀环绕你，你的骄傲使你的心昏昧，你把自己当做了女神。哦，这愚蠢的骄傲！你怎能容忍它在你里面生长？在《圣经》中，你非常清楚地知道，上帝多么厌恶骄傲，正因如此，他将路斯弗——魔鬼的化身——从天堂打落到地狱。[③] 如果你不谨慎的话，这样的事无疑也会发生在你身上。

“骄傲！一切罪恶的根源，从中滋生出多少罪来！因着骄傲，我胸中会燃起愤怒、复仇的火焰。骄傲让我觉得自己超乎万人之上，为万人所敬畏，我可以为所欲为。正因如此，我不能容忍扫兴之事，无论那对我的冒犯看起来多么微小，我也要立即报复。哦！危险的虚荣、傲慢的任性，那是积蓄了败坏和腐烂的脓肿，心中孕育骄傲的身体真比那些被黑死病感染的身体离死亡更近。④

“悖逆的人啊，你渴望报复，因为你以为自己很伟大，无论你做什么，没有人敢违背你的心愿，但在你的无知和自大的怂恿之下，你没有意识到无论一个人地位多高，若活在罪中，就会有人起来反对他。如此看来，很多人与你作对，不是没有理由的。然而你并不反省自己对他人的冒犯，反而认为你可以支配别人的意见。有人反对你，你就恨他们、设计对付他们，或者明里暗里地迫害他们，丝毫不顾这对你和其他人的身心会造成极大的伤害。没有能力报复的时候，你的心中也积蓄了致命的苦毒。这可怕的骄傲将你放逐在毁灭的边际，它也驱使着你竭尽所能、甚至违背良心地积蓄财富（为了你的虚荣和对复仇或其他无用之物的渴望）。可怜的财富！你积蓄它们却对别人造成伤害，这全屈服在你的罪恶的意愿之下了。”

我希望你确定无疑地知道一点，那就是企图以不正当的方式使用钱财，你永远不会从中得到多少快乐。因为就在你积蓄这些钱财，想着如何使用它们达到自己的目的时，上帝加在你身上的灾难、痛苦或其他的重担，会使得这些可憎的钱财反过来与你作对，和你的初衷完全相反。那时候你要如何使用你的财富？你能带着它进入坟墓吗？不，你只会带着那些积蓄下来的苦毒进入坟墓。请再来看看这被咒诅的骄傲将你带到何等境地！因为它使你相信你的荣耀和权势超过一切，当别人可能会追赶上你、甚至超过你的声望时，骄傲便使你心中焦虑不安。因为骄傲使你总想得到更多，如果你看别人获得更多的权势和荣誉，没有什么比你心中的忧伤更痛苦的了。这痛苦让你变得易怒、怀恨在心，以至埋下成为罪恶的种子。

还有一种地狱之火来源于骄傲。你对自己说："劳动和工作都不是你的责任。你只要舒舒服服度日就好了，早晨睡到日上三竿，晚餐以后坐下来休息，欣赏自己胸前的珠宝和首饰——这才是你正当的职业。"你这缺乏智慧和满足的女人！上帝给每一个人需要合理运用的时间，难道他给你权利这样懒散度日了吗？可怜的人，你不是听到过圣伯纳德说懒散是一切过犯的母亲吗？[5]懒散可以使一个强壮的人跌倒，毁灭一切的美德，使骄傲滋生，引人走向地狱。骄傲还有哪些后果？骄傲使你热爱舒适安逸的环境，后者反过来让你更加骄傲。安逸生活使你恋慕奢侈的吃喝宴乐。你不再满足于普普通通的一顿食物。你的厨师为了讨好你，想尽法子创新口味，还要为你预备上好的酒。

可怜的妇人，有一天你的身体只不过是虫子的食物，你真的需要如此填充你的肚腹——这盛满了罪恶的容器吗？当你的肚腹被充满时会发生什么呢？这样的口腹之欲除了滋生欲望和淫荡之外还会有什么呢？被娇惯的身体就好像一匹倔强的马，当主人想要骑它的时候，拼命鞭策它，却发现驾驭不了它。它在危险的道路上肆意奔跑，它的主人终因驾驭不了它的任性和顽固，跌断了脖子。同样的，奢侈的食物供养着的身体也会杀死灵魂和美德，骄傲生长在这些欲望之上，使你恋慕奢侈的衣服、珠宝和饰物，你压根不会去想这些东西从哪儿来、价值多少钱、如何到你手里的。除了引起这些无穷尽的可鄙的陋习，骄傲也使你不屑于为那些不能给你奢侈享受的人服务。你是这样的不可一世，甚至连上帝也不放在眼里。

可怜、盲目的女人啊！骄傲是如何占据了你的心灵，使得你都忘记了上帝的审判？虽然在这一切过犯中，上帝还没有施行你应得的审判，你难道不知道上帝的怒气发出得越慢，来势就越猛吗？同样的，弓拉得越弯，箭射出就越远啊。你忘记了我们的主是怎样管教骄傲的不可一世的巴比伦王尼布甲尼撒了吗？⑥还有许多其他天不怕地不怕的“英雄豪杰”们。上帝的怒气毫无例外的将这些行动骄傲的人都降为卑，他们之后的处境比这个世界上的任何一个人都更加可怜和不幸。

还有，你不记得在《传道经》的第10章中是如何讲到上帝拆毁骄傲者的王位，扶持温顺的人；拔除骄傲大国的根，却栽种卑微的？这一切都意味着，他将骄傲的降为卑，却抬举谦卑人。⑦这样看来，除非你希望自己的结局是灭亡，否则，你就要转离现在所行的。

我以全能的上帝的名义来问你，你，这样一个普通、渺小的女人，所有的力量和权势都是被别人赋予的，你以为奢侈和尊贵就可以让你以自己的意愿掌管整个世界了吗？

注解：①主耶稣在登山宝训中的教导（《路加福音》6：20）。

②在《马太福音》19：24和《马可福音》10：25中都提到耶稣的这个比喻。

③路斯弗遭放逐的故事没有在《圣经》中记载，但在次经文献中有记载。路斯弗本为一位巴比伦国王的名字，后专指被驱逐的天使。

④继1347—1348年蔓延欧洲之后，黑死病又相继爆发过几次，死亡率很高。及至1400年，欧洲人口还仅仅是1347年前的2/3。瘟疫最常见的一种是腹股沟腺炎，症状是淋巴结所在处的腹股沟、腋窝和颈部出现脓肿。患者在出现最初的症状之后通常几天甚至几小时就会死亡。

⑤圣伯纳德（1090—1153）是Clairvaux的修道士，以禁欲主义和布道著称，他在1830年被天主教会封为圣师(Doctor of the Church)。

⑥见《但以理书》2到4章。

⑦《传道经》著于主前约二世纪初，系旧约次经的一部分。

5 因着爱和敬畏上帝而拥有敬虔的知识和理性的生活

经过上帝这样的劝告，这位淑女因着对上帝的爱和敬畏，重新找回自己的理智。无论她看起来多么美好，她看到自己最恶劣的一面。经过以上的思索，她告诉自己："现在因着全能的上帝，我终于了解到这可憎的骄傲带给我的危险！"骄傲是否已经变成了你的习惯？你是否希望自己的结局是灭亡？以下哪一个对你更重要：是在今生有限的时间里安逸地活着，然后永远灭亡（事实上你活得并不安逸，因为你越是寻欢作乐，企图满足所有的欲望，心里越是不满足，因为你永远无法填满那些欲望）；还是愿意离开这样奢侈的逸乐，生活在对上帝的爱和敬畏中，在他永恒的国度中得着救赎？

"被咒诅是何样的光景呢？《圣经》告诉我们那是与神永远的隔离，在可怕的黑暗中忍受魔鬼的陪伴。被咒诅的灵魂发出哀声，在不灭的火与硫磺中痛苦地咒骂上帝、生养他们的和他们自己。①正如约伯所说的，那是无法言喻的恐惧，更糟的，是那种无处可逃的绝望。②

"可怜的女人，你愿意陷入这种凄惨的光景中吗？你愿意丢掉上帝所应许你的恩典吗？而你只需要跨出一小步就可以得着这恩典。他的应许是什么呢？因他圣洁的慈爱，他应许如果你守他的诫命，天堂就是你的。圣格雷戈里（St Gregory）③在讲到天堂之城时说道：'该如何理解和表达那种天堂中无比巨大的喜乐呢？在我们造物主的荣耀下，天使和圣徒欢聚，和三位一体的真神面对面，亲眼见到他的荣光，知识充满了全地，不再有疲倦，不再惧怕死亡，在永恒中享受这样的荣耀。'

“你看出这其中的区别了吗？要选择哪一条道路呢？你情愿离开那条通往拯救的清洁、美好和安全的道路，将自己陷入到绝望的深渊中吗？不，不，你不会愚蠢到那个地步，放弃那上好的，却选择不幸的结局。

“圣洁的三位一体的真神，有权能、智慧和无限慈爱的上帝啊，请帮助我逃离那使我盲目的无知的阴影。纯洁的圣母，心灵受伤者的安慰者，信徒的盼望，请慈爱地抓住我的手，将我从罪恶的泥沼中拯救出来。天堂的众天使和众圣徒啊，请为我祷告，成为我的帮助！”④

注解：①《创世纪》14：10-11，20：14-15包含对地狱的描述，但很多文学家和神学家用很多细节来描述对地狱的想象。

②《约伯记》第3章，约伯哀叹自己的不幸，诅咒自己的生辰。

③教皇格雷戈里一世（Pope Gregory I the Great）（540 604）是一位多产的作家，作品内容包括圣徒的生活、讲道和释经学。

④天堂在这里被描写成有不同等级天使的宫廷，好像国王以下不同等级的贵族。早期神学家丢尼修（Pseudo-Dionysius）将九种天使分成三类等级。第一也是最高的等级包含撒拉弗（Seraphim）、智天使（Cherubim）和 王权天使（Thrones），他们和上帝最接近，昼夜为上帝跳舞。第二等级包括主宰天使（Dominations）、权利天使（ Powers）和美德天使（Virtues）。这两个等级都是直接面对上帝的。第三个也是最低一等级包含三种和人打交道的天使：小国君天使（Princedoms）、天使长（Archangels）和天使（Angels）。（见C.S.路易斯, *The Discarded Image*, pp. 71-2. 天使的必要性，见Arthur O. Lovejoy, *The Great Chain of Being*, pp. 80, 189ff.）

6 两种圣洁的生活

现在，我们要谈到你要怎样做才能走上那圣洁的道路。《圣经》中向我们展示了通向天堂的两条路径。① 一种是在上帝脚前安静等候的生活，另一种是为上帝忙碌的生活。

在安静等候上帝的生活中，一个人渴慕上帝到一个地步，完全忘记她周围的世界——父母，孩子和她自己，将所有的爱慕都倾注在她的造物主身上。她时时想到上帝，就看世界上其他的事为小事，她不像其他人一样经历贫穷、忧患、痛苦。这些苦难企图让她的心远离神，但她并不注目在这些事情上面。她对生活的态度是蔑视一切属世的愉悦。她从尘嚣中退身而出，她的双膝跪在地上，双手抱在胸前，她的眼睛注视天上，她的心因对上帝的爱而充满喜乐。她来到上帝面前沉思，在神圣的启示中思想上帝和天堂的奥秘。她不再是她自己。从上帝来的安慰、平安和喜悦不可言喻，也非世间任何一种快乐可比，因为她所尝到的是天堂的荣耀和喜悦——她在安静等候中见到了神。她在世界上有全然的爱和满足，因为她无欲无求，上帝就是她的安慰，她是上帝的使女。上帝在她面前摆设天堂的宴席，没有任何快乐可以与这纯洁无瑕的盼望相比。真正经历过的人曾经描写这情形，而我，却只能遗憾地用这种间接的方式来描述，就好像瞎眼的人企图形容色彩一样。很多圣徒——男人和女人，已经向我们证实上帝是如此喜悦这种生活，他们超然身外，似乎活在天堂里。我实在不配谈论这种高贵的生活，很多宝贵的作品已经对此有了深刻的讨论，我也就不再作这不必要的企图了。

为上帝忙碌的生活则是另外一种服事上帝的方式。在这种生活中，一个人因着上帝的爱，甘心为每一个人摆上她的时间和精力。她在医院之间奔波、探访病人和穷人、用金钱和实际的行动帮助他们。她怜悯那些陷在罪中和苦难中的人，为他们落泪，好像他们的伤痛是她的。她爱她的邻居，总是做善事，从不空闲，心里充满了帮助人的渴望，在这些事上她投入全部的力气。这样的女人为了上帝的缘故甘心忍受一切的伤害和苦难。

正如你所看到的，这种为上帝忙碌的生活比前一种对世界更有用。这两种生活都非常美好，但我们的主耶稣却在这两种生活之中作出了评价。马利亚是安静等候的榜样，她坐在主的脚前，不为世界上的事忧虑，单单向主燃烧她纯洁的爱。而她的姐姐马大，是为上帝忙碌的典型。② 她是招待主耶稣的主人，在房子里忙里忙外伺候耶稣和他的门徒，她抱怨马利亚不来帮忙。但是主耶稣却责备她："马大，你虽然辛苦忙碌，你的工作也是好的，但马利亚已经选择了那上好的福分。"马利亚所选择的上好的福分，不是忙碌的生活，虽然帮助有需要的人有时必不可少，但放弃世界上的忧虑，单单渴慕上帝，却是最有价值的付出。正因如此，历史上的圣徒建立了修道士的生活传统。在上帝的眼中，这种生活极其可贵。任何人如果想单单亲近上帝，都可以和世界隔离开来，在修道士的生活中服事上帝，不再取悦人，唯独取悦那所爱慕的主。这的确是上帝所喜悦的。

注解：①《路加福音》10：38-42描述了侍奉神的两种不同的态度。

②《路加福音》10：38-42。中世纪的作者经常混淆马利亚和马大。

7 高贵的淑女决定要走的道路

经过上帝的启示，这位高贵的淑女对自己说：“你必须要决定哪条道路是你要走的。”人都说，良好的判断力是一切美德的母亲。这话没错。因为正确的判断可以指导并维系其他的美德。不能作出合理判断的人会发现她所做的一切工作都没有效果，这就是为什么我在作出决定前，必须要审慎判断的原因。

首先，我要考虑到身体的状况，以及我经常会软弱的地方。我还要考虑上帝呼召我在世上要做的工作，我要作出何等程度的委身。如果我诚实地面对这些问题，我会发现虽然我有美好的意愿，但我的身体太过虚弱，不能承受太多的禁食和太大的疼痛，我的精神也时常因薄弱的意志力和反复无常的情绪而低落。在作出这些判断之后，我是否要就此否认自己身上的美德呢？虽然上帝说：“你必须为了我名的缘故抛下你的父亲和母亲。”但我可能不能像那些最伟大的女人那样，离开我的丈夫、孩子和世界上一切的事，单单服事上帝，那么我该怎么办呢？选择为上帝忙碌的生活吗？将世上的工作处理妥当也是一件幸福的事啊！

“哦上帝，虽然我是这样一个弱小的女子，但因着我对你的爱，至少我可以服事你在地上的孩子——就是那些贫穷的人。主啊，请指教我如何才能放弃世界上的事呢？让我知道怎样做才能得着救赎。虽然我确实知道除你以外，我别无所爱，所有的愉悦都是虚空，但我自己却没有能力放弃世界。我因此恐惧战兢，因为你说富人进天国是难的。”

这时，圣灵对这位淑女说话了：

“我告诉你要怎样做。上帝并没有叫所有人抛下所有的跟随他，这只是为那些追求最理想的生活的人预备的。上帝以不同的方式拯救每个人。当他说富人不能进神的国时，指的是那些空有财富却缺乏美德，也不将他的财富分给穷人的人，这样的人把所有的快乐建立在钱财上。上帝毫无疑问痛恨这些人，他们如果不改变，

就不能进入神的国度。至于上帝所祝福的穷人，指的是虚心的人。即便一个很有钱的人，如果他不以地上的财富夸口，或者用这些钱财去救济穷人或服事上帝，也不因着他的财富自视过高，他就是虚心的人，天国就是他的。天堂中难道没有成为圣人的国王和王子吗？像法兰西的国王圣路易斯，[①] 还有其他的榜样不是并没有从世界隐退，反而以讨上帝喜悦的方式统治他的国家吗？他们行为正直，并不是因为他们厌弃赏赐给他们的荣耀。他们认为这荣耀不是他们个人的，而要归给上帝所赐给他们的地位，以及与之匹配的权力和财富。他们只不过是上帝在地上的管理者。同样的，天堂里有很多同为圣徒的皇后和公主们，比如法兰西克劳维斯国王（King Clovis of France）的妻子[②]和圣巴多（St Badour），[③]以及匈牙利女王圣伊丽莎白。[④]上帝喜悦各阶层的人来服事他。无论你的社会地位是什么，只要你

有一颗愿意的心，就可以得到救赎。因为官阶并不能导致灭亡，不知如何智慧地运用它才是危险的。”

最后，这位公主这样对自己说：“我很清楚地了解，我不是那种可以完全追随这两种生活的人，但我要尽我的力，好像圣保罗的榜样，根据我自己的能力，跑好我当跑的道路。”

注解：①路易斯四世（1214—1270）在1297年被追封为圣徒。在他未成年时，他的母亲 Blanche of Castile 代执政8年（1226—1234）。

②Clotilde皇后（c.474—545）是勃艮第国王Chilperic的女儿，成功地使她的丈夫成为基督徒。在《妇女城》中有一章特别讲到她。

③一位法兰克皇后，死于680年。嫁给Clovis II，从657到665为她的儿子摄政。

④圣伊丽莎白（1207—1231）并非匈牙利皇后，而是匈牙利的一位公主，在孩童的时候被送到德国，预备嫁给图林根州伯爵。之后成为寡妇，过着朴素的生活。

8 高贵的淑女如何培养这些美德

这位高贵的淑女经由上帝的启示，有了这样和那样的思考。但如何将这些想法付诸现实呢？她需要请教有智慧的人，来告诉她什么是对的、什么是错的。虽然世人都犯了罪，① 但她如果尽力的话，就可以避免那些必死的罪。② “金口约翰”克里索斯托（Chrysostom）在论《马太福音》时③ 这样教诲：“如果你想在天上积蓄财宝，就要在地上培养谦卑的品格，因为在上帝的眼中，

这个世界上身居高位的人并非是最荣耀上帝的，而那些行事谦卑、公平的人在天堂中才是最为高贵的。”身为一位高贵的淑女，她晓得过多的荣耀会使人骄傲，所以她的心就应该时时谦卑。虽然对于她的丈夫和她自己的社会地位来说，这些荣耀似乎是应得的，但她要保守她的心，不要让它因为自大而受伤，或因为骄傲

而膨胀起来。她要常常感谢神，将一切的荣耀归给他。还要不住地提醒自己：你只是个可怜的、有限的女人，一个软弱、犯了罪的灵魂，那些高贵的地位总有一日要归还给上帝，而你的生命与永恒比起来实在是短得可怜。虽然你的地位使得别人尊敬你，但不要因此而洋洋得意。你的行为要和你的地位相配，举止要得体，言语温柔，做事仁慈，神态柔和；不要咄咄逼人向人发问，但要用谦恭和蔼的态度和悦耳的语调向人问安，这在上帝和世界的面前都是合宜的。

除了谦卑，尊贵的淑女还要有忍耐的心。虽然这个世界让很多不幸的事发生在谦卑人身上，也发生在贵族小姐身上，她却可以忍耐到底。因着对上帝的爱，她愿意甘心接受逆境，并诚心向神献上感谢。事实上，当她具有这忍耐的美德之后，如果别人错待了她，她就不会寻求或者希望寻求惩罚他们的途径。即便在公正的法律下，这些人受到了惩罚，她也会怜悯他们。当记住上帝命令我们的话，要爱我们的敌人。④ 圣保罗也说仁慈是不求自己的益处。[5]所以她为那些害她的人祷告，或许上帝怜悯他们，给他们机会悔改。

作为一位性格坚定、有勇气的高贵的淑女，她不会太过在意那些出于嫉妒的流言蜚语。正如每一天都会发生这样的事，如果听到一些不利于她的传言，她不会被搅扰，反而会很快地宽恕别人。她不会因为自己的特权，就对任何一个伤害她的人睚眦必报。我们的主为我们承受巨大的伤害，然而他还为苦待他的人祷告。真正有智慧的女人会反省，她所受的苦难是不是她应得的？如此，才正符合了塞内加的教导，他说，虽然在高位上的人有能力报复，但却赦免其过，这在上帝的眼中看为美，是高贵的美德，也是对世界的祝福，是为平民设立的榜样。圣格雷戈里在他第二十二本讨论道德的书中[6]也这样说， 如果一个人在他的邻居错待他的时候不能忍耐，这人就仍是不完全的。任何人不能忍辱负重，他的美德就绝非圆满。圣格雷戈里在赞美忍耐时这样说道，正如玫瑰花在尖利的刺中仍然生得美艳动人，一个忍耐的人，也是一个在企图伤害他的人中间，充满了得胜的荣光。

一个希望用美德装备自己的淑女，要记得圣保罗所说的，即使一个人拥有所有的德行，不间断地敬拜上帝，也朝圣，也禁食，也禁欲，做所有的好事，却没有爱，这一切都与他无益。[7]这样看来，恩慈之心是更加重要的。对人的爱心，会让别人的痛苦就好像自己的一样。她的仁慈不仅让她能体谅周围人的痛苦，也激励着她时时准备着去帮助他们。正如一位智慧的神学家所说的，[8]仁慈有很多种表现形式，并不仅仅存在于从钱包里掏出钱对别人的施舍中，也存在于你以温柔的话语带给需要的人帮助和安慰中。

这位淑女因此具备了纯洁、温柔、良善的品格，成为调解她的丈夫——无论国王还是王子，和她的人民之间的和平的使者。

有的时候，这位国王受到恶人的教唆，增加对人民的苛捐杂税。百姓知道这位王后是满有怜悯和恩慈的，于是他们来到她的面前，谦卑地恳求她为他们讲话，因为他们实在穷困，根本支付不起这样高的税。又或者他们中的一些人得罪了国王，他们也会谦卑地寻求她的帮助，平息国王的怒气。还有的时候，如果一些人来寻求她的帮助，她不会拒绝见他们，也不会作秀一样让他们白白等待。她总是亲切地接见他们，耐心地听他们讲的每一件事。她的旁边有聪明、正直的绅士，可以随时给她忠告。在这些智慧的老师的帮助下，她可以智慧、合宜地回答百姓，也会体面地为她的丈夫婉言开脱责任。如果无论什么原因，百姓们对她的回答不满，她会许诺尽力调解争端，在她的能力范围内帮助他们，她会劝说百姓对他们的主人忠诚、顺服。反过来在任何急难中，这些百姓也会依赖她的帮助，因为她从不让他们失望。

这样，这位高贵的淑女就成了百姓和国家之间的和平的大使，如果百姓之前心中还有什么怨气或者反抗的念头，现在都

平息了。这位王后不会让百姓白白等待，她信守诺言，毫不耽搁地履行诺言。她会用智慧的言语温柔地劝说她的丈夫，如果有需要的话，她还会让一些其他智慧的人陪伴她；她会用最谦卑的方式来替她的百姓说话。详细地陈述理由，告诉她的丈夫如果他希望自己的政权稳固，就首先要赢得百姓的爱戴。她会用赛内加在德·伊拉（De Ira）的第三本书中所教的话：虽然对于任何人来说，仁慈的心都是好的；但这对于一位执政者尤为重要。这样，她为她所承诺的作出努力，百姓们就会对国王和她充满敬意，尤其对他们的王后心存感激。

注解：①根据原罪说，所有的人生来就是有罪的，因为最初的人亚当因为在伊甸园中背叛上帝而犯罪。

②根据天主教的教导，必死的罪指的是最严重的罪，明知故犯地背叛上帝，或者反对上帝的意愿，这些将导致最终失去上帝的恩典和永远的诅咒；而那些可被宽恕的罪，虽然也很严重，却不会完全失去神的恩典。

③克里索斯托（Chrysostom）（347—407）是康士坦丁堡的大主教，也是一位杰出的演说家和布道家（外号“金嘴巴”）。

④见《马太福音》5：44和《路加福音》6：27。

⑤见《哥林多前书》13：5。

⑥圣格雷戈里对《约伯记》作了大量的注解，强调在困境和不公平境遇中的忍耐。

⑦见《哥林多前书》13：1-3。

⑧圣奥古斯丁。在中世纪，四大教会圣师分别是：圣佐治亚、安布罗斯、奥古斯丁和耶利米。后来，也有其他人被授予这样的头衔。

9 尊贵和智慧的淑女如何协调国王和世袭贵族之间的关系

如果邻国的国王想要发起战争，或者一位国王想要

对邻国发起战争，作为王后的这位淑女要慎重地考虑这件事，她知道战争所带来的罪恶和残酷、所造成的破坏和屠杀有多么可怕。她要长时间地、认真地思考，需要怎样做来阻止这样的事情发生呢（但要在维护她的丈夫的尊严的前提下）。因此，她要寻求上帝的帮助，也要听智慧的劝告，尽其所能维护国家间的和平。

如果哪个男爵、骑士或者本国有权势的人犯了罪，甚至冒犯了国王，理应受到惩罚时，这位王后却看到，这样的惩罚会给国家带来极大的危害。这样的事情已经多次发生在法兰西和其他地方，一个无足轻重的贵族，相较法兰西国王根本不值一提，却成为很多罪恶和战争的导火索。比如在法兰西编年纪中记载的皋特贝叶伯爵、蒙忒瑞勋爵等贵族的故事。[1]就在不久以前，我们的罗伯特·岛赫特瓦勋爵，他与国王之间的争执，就极大地损害了法兰西王国的利益，却让英格兰从中受益。[2]

以这些事件为教训，这位王后就会看到战争对人民造成的伤害，她就会尽全力来维护和平。她会劝说国王和大臣慎重考虑这件事，向他们陈说后果的严重性。任何一位国王都应该尽力避免流血事件，特别是杀害自己的同胞。发动战争并不是一件小事，未经深思熟虑是不应该这样做的。更恰当的做法是寻找一条合适的途径来达

成协议。这时，王后一刻也不要犹豫，她要亲自或者差派人劝说肇事者（在维护她丈夫荣誉的前提下），严厉地谴责罪行的同时，她应该告诉肇事者，他们的罪是何等严重，国王完全有理由愤怒，并以公正的方式惩罚这样的罪行，但

她，作为一位王后，却希望看到和平，所以如果肇事者愿意以合适的方式弥补罪行，她愿意尽她可能维护他们和国王间的和平。

这样的劝告可以带来和平。正像圣路易斯的母亲布兰奇皇后（Queen Blanche）那样，总是倾力维持国王和伯爵间的关系，[③] 包括与香槟伯爵（Count of Champagne）和其他众伯爵之间的和平相处。作为和平的使者劝免战争，是一位王后当尽的责任。淑女们在这方面有特别的恩赐，因为男人通常是好战、勇猛的动物，渴望报仇的个性使得他们常常忽略战争带来的罪恶和危害。但女人天性胆小，性格也更加和蔼温柔，所以如果她们愿意的话，就是安抚男人最好的使者。鉴于此，所罗门在《箴言》25章中说：“恒长忍耐，可以劝动君王；柔和的舌头能折断骨头。”[④] 这就好比水的温良可以浇灭火的热度。

哦上帝，那些在敌人之间、国王和伯爵间、领主和叛乱的人民间建立和平的公主和王后们给这个世界带来多么美好的祝福！《圣经》中不少这样的见证。国家因为有了这些公主和王后而得福，我在《淑女城》中已经详尽地论述了这一点。人民看她为宝贵，不仅因为她是他们的主母，更因为她是他们在地上的希望和信念，她是国家和平的使者。这样的王后并非缺少其他善行，只是没有什么比这更值得称赞的了。

注解：①罗伯特男爵和Jean le Bon国王争吵，在1332年被逐出法兰西。他在英国得到国王爱德华三世的眷顾，被封为Richmond

伯爵。1342年,他在为英国军队效力时受伤，同年在伦敦逝世。有些人认为是他挑唆爱德华三世，挑起了英法间的百年战争，但实际的情形远比这更复杂。

②卡斯提尔的布兰奇（Blanche of Castile，1188—1252）是一位杰出的皇后，她让10个孩子受到良好的道德和宗教上的教育。当她的丈夫路易八世于1226年逝世后，虽然有很多伯爵反对，她最终成功地统治了法兰西。她的儿子1234年执政后，仍然依赖于她的政治建议；并在1248年十字军东征时，立她为摄政者。

③蒂鲍（ThibautIV）即后纳瓦拉国王，曾参加封建君主的联盟反对布兰奇皇后。

④见《箴言》25：15。

10 论淑女应该培养的敬虔良善的美德

接下来，我们要带领这位淑女走一条良善的道路。她要记住圣贝佐（St Basil）①对富人们说的：“如果你真知道地上一切的财富都是从上帝来的，而且你也知道，你所得的远超过你应得的，那些比你更好的人还没得到这么多，你可能会想，上帝分配财富公平吗？但你其实不必有如此顾虑，因为上帝这样做，是让你通过施舍给穷人，来领受神的恩典；而穷人也因着他们长久的忍耐，来换取将来荣耀的冠冕。所以，不要让你的面包发霉了，穷人还没有饭吃；不要让赤身露体的人被毒蛇咬伤；要把余下的鞋分给赤脚的人，把钱财散发给需要的人。要知道，你一度丰盛的财产并不属于你，而是属于穷人的。如果你有能力帮助你的邻居，却不伸出援手，你就是一个贼，正在窃取上帝的东西。”

所以，尊贵的淑女，要记住这条原则，她就会拥有怜悯的美德。虽然有人说围绕着公主的总是奸臣，但我相信如果一位公主洁身自好，她的臣子们也不敢献上邪恶的伎俩。主人总是寻找符合自己心意的仆人，仆人们也为了讨主人欢喜而见机行事。所以，一位良善的淑女也会有与她品格相符的仆人。在她指派一位帮手之前，她已经预先了解了这是个虔诚的、良善的、值得尊敬的人；她并不像一些伯爵，让最狡诈的人占据高位。她要命令她的手下去四处观望，看穷人们居住在哪里：包括那些光景不好的绅士和女士、穷困的寡妇、有需要的人家、待嫁的处女、临产的妇人、穷学生和贫困潦倒的神职人员。她会循着圣尼科拉斯（St Nicholas）②的榜样，叫她的手下偷偷地将礼物分给穷人，并不叫他们知道是谁在分发救济品。善良的淑女从来不以拜访医院和穷人为耻。她和穷人、病人们讲话，触摸他们，温柔地安慰他们，并将一些救济物资发给他们。穷人们更需要那些有名望的人的拜访，因为他们是觉得世界都遗弃了他们的这群人。当一位尊贵的客人来拜访他们、安慰他们，他们觉得尊严或多或少得到了恢复，这尊严是任何人都视为宝贵的。

这样看来，一位公主或者贵族夫人行善，比一般的女性更难能可贵。这主要有三个原因。首先，一个人地位越高，她越要谦卑自己，她也就更加具有良善的品格。第二，她能施予穷人更多的帮助和安慰。第三却非次要的原因就是，她为那些平民设立了榜样，因为没有什么比亲眼见自己的主母行善更影响他们的了。

所以，伯爵、淑女和其他身居高位的人有很好的教养，对其他人意味着更多的福分，反之则成了众人的危害。

不要觉得一位淑女可以伟大到以拜访教会和朝圣为耻，如果她认为虔诚、谦卑地来做这些事是羞耻的，那么她也以拯救她自己的灵魂为耻。

“但是，”你可能会对我说，“如果这位淑女没有钱，又如何施舍穷人呢？因为你说过积攒财宝是危险的。”事实上，合理合法的收入并没有错，重要的是她要如何支配这笔钱。[3]即便是上帝，如果她不愿意的话，也不会强迫她将所有的给穷人 。存钱以备不时之需、将收入的一部分支付仆人的工资、在逢年过节的时候购买礼物、所欠的债也要及时还上，这些都没有错。但这位淑女可以克制欲望购买那些非必需之物（如果她愿意就可以轻而易举地做到），克制自己购买那些多余的华服和首饰。正是这些节省的开支，可以用来周济穷人，也帮助她培养自己的美德。

这样去行的女子是有福的。她就好像故事中那位有智慧的市长。这位市长走马上任之初，在谨慎的巡视中，注意到一个现象，在他之前的市长都被罢职或放逐到遥远的地方，穷困潦倒，因为所有的财产都被没收了。他就对自己说，要为这事早做准备，以防有一天他也被发配、什么都没有了。于是，他将自己的收入小心地计算好，该支付的支付了，剩下的就放到一个安全的地方。后来，发生在前任市长身上的事果然发生在他身上，但因着他的智慧所存下来的钱救了他，让他在遭难时并无缺乏。同样的，那些花在华衣美服上的钱要用在穷人和慈善的事上面，这就是你存在保险箱中的、在你死后救你脱离地狱之灾的钱财。福音书中也一再地强调这个事实："积攒财宝在天上，因为这是唯一你能带走的财产。"没错，《圣经》也向我们证明，那些知道如此积攒财富的女人无疑是最好的管家。

简而言之，除了以上提及的美德，良善的品质可以守护她的心，让她与人为善，看别人比自己更有价值。因为她的心与人同乐，她乐于听到别人的好消息。并在她力所能及的范围里，利用一切的机会，促成好事，革除弊端。

注解：①St Basil (c.330—79), Caesarea主教，在有关教会教条的著作之外写了一系列的书信。

②Nicholas时Lycia的Myra的主教。据说曾为三位女孩预备嫁妆，从而拯救她们没有走上堕落的道路。

③可能指福音书中的一则寓言（《马太福音》25：14-30），主人赞许仆人增加了主人的财富。

11 论有关审慎的道德功课

我们已经详细地讨论了由爱和敬畏上帝而来的教导。现在，我们该谈谈世俗的审慎对淑女们的教诲了。当然，这些教导与上帝的话并不分开，上帝的话是它们的基础。我们在这里要讨论的是自律以及审慎的生活态度。

首先，审慎告诉一位淑女，她要在这个世界上爱护她的名誉超过任何事物。她对自己说：上帝喜悦道德高尚的生活，道德的生活方式会令她珍爱好名声，也就是她自己的名誉。圣奥古斯丁在《改正录》（*Book of Correction*）[①]中谈到有两样东西对一个人的生命至关重要：一个是良心，另一个就是好名声。《传道书》的作者也说："珍惜你的名声，它比千两黄金更加恒久。"[②]

因此，聪明的淑女要对自己说："地上万物，没有什么比名誉更尊贵的了。但是好的名誉意味着什么呢？"

"它不意味着世上的金银，至少以世界上对金银的评价来说；金银对名誉可算是最不重要的了。"

“那什么是重要的呢？”

“事实上，最重要的就是好的行为和举止了。“这些好的行为和举止有什么用处呢？”

“他们可以使一位淑女得到应有的尊重。无论一个王子或公主拥有什么样的品格，如果他不以好行为获得称赞和声誉，他就失掉了声誉。虽然仆人们的溜须拍马可能让他自以为是，但真正的声誉是不包含责备的。”

“高贵的淑女如何爱惜名声呢？”

“要爱惜名誉超过爱惜生命，人终有一死，但声誉却是持久的。一个重要的原因就是，好名声的人虽有一死，却获得拯救；而羞辱却会跟着一个人的记忆存到永远。哦，令人尊敬的名誉是一笔多大的财富！没有什么比这个更值得她投资的了，因为普通的财富只在唾手可得的时候有用，而好名声却在近处、远处为她效力。女子的好名声可以飘香万里，让所有的人都闻到这美好的味道，就都愿意来效法她的榜样。”

审慎接着告诉我们，如何在具体生活中将这些付诸实施。特别是在这两个方面，一个是关于她的行为举止，另一个关于她的生活规律。

首先，在行为上面，对于任何渴慕好名声的淑女来说，两件事情至关重要。一个是节制，另一个是贞节。节制，不仅仅止于吃喝，它涉及生活的方方面面。节制使她容易满足，虽居高位，她不苛求自己应得以外的。在她面前摆放的那些食物和酒就已经足矣，她不固执己见。也不会过多地睡觉，因为审慎会警告她保暖思淫欲。节制也会帮助她远离贪婪，她只需要够用的财富，那些奢侈的衣服和珠宝都是多余的。最后，在这一切之上，她还要警醒那些超过她身份的富丽堂皇，审慎会这样对她说：淑女们按着上帝赋予她们的身份，穿华服，戴首饰，身边有朝臣跟随，迎接她有隆重的仪式。但是，如果她不满足于这些与她身份相称的，反而想别出心裁地自我标榜，这就错了。这不仅毁坏了她的名誉，也是与节制的品行不符的。所以，请不要这样做，这对任何人来说都是不合宜的。事实上，如果是她的丈夫，她应该顺服的人，让她做这样的事，她都要仔细慎重地考虑，而不是轻举妄动。

淑女的言行举止，无一不体现出她的节制，她仪表庄重，既不表现得太过兴奋，也不会涂抹香水太过招摇（很多女性在这些香水上花大量的精力和金钱）。审慎会警戒她不要给身体太多的奢侈的装饰，这些钱应该花在穷人身上。另外，节制也会勒住她的舌头，叫她不要多言多语（这在尊贵的淑女身上是不多见的）。她憎恨虚谎，爱慕诚实，人们相信从她口中出来的一切的话，因为他们从未听她讲过一句谎言。人们听命于这些王子和公主们，所以他们更要诚实。节制会拦阻淑女散布未经细查的传言，特别是在那些容易产生流言蜚语的场合，更要小心。审慎和

节制教导淑女言简意赅，出口有智慧，既不过于乏味，也不流于肤浅，她的话语平和、冷静，并能安慰人心。她说话的时候语气柔和，表情温和，不会做夸张的手势。她不会无缘无故地发笑。不会说任何人的坏话，或对什么事随便发出批评；她总是强调好的方面，严严守住自己的口，不说空洞猥琐的言语。

在她所有的休闲娱乐中，凡事要有分寸。她根据场合赞赏她的侍女和仆人。节制使得她不会严厉地苛责她的仆人，而是慈爱地教导他们，指出他们的错误，以彬彬有礼的方式告诉他们，如果继续这样下去，她会辞去他们的职位或做出一些惩罚。但，她的口气要始终平静，不说粗俗的话。因为凡是粗俗的言语对一位淑女来说都是不妥的。她要合理地发布命令。她乐意阅读有关礼仪方面的书籍，却痛恨下流粗鄙的文字。她禁止家中一切女性阅读那样的文字，因为这些看到听到的东西会影响人的心灵。这位淑女特别愿意学习和谈论上帝的话。她要用《圣经》中所描述的那种渴慕心情来听上帝的话，上帝说："那些爱我的人听我的话，也愿意遵守我的话。"[3]她经常在集会中听著名传教士的讲道，也愿意家中的人一起出席聆听。她渴慕学习一切有关信仰、诫命和拯救的道理，也乐意了解一切敬虔绅士、女士们的事迹，牧师们讲的道理，正直人的智慧和生活方式。她爱这些敬虔的人，也诚

心地欢迎他们的来到，送给他们得体的礼物。

而且，她也愿意和这样爱上帝的人交朋友。她谦卑地接待他们，推心置腹地和他们分享，也会诚心地请他们为自己祷告。这样，节制的美德就在这位淑女身上体现出来。

紧跟着节制这条原则的，是我们刚才提到的第二条原则——贞节。贞节的美德可以使得她在无论言语还是行为、外貌还是打扮、社交礼仪还是谈吐上，都无可指责。

注解:①圣奥古斯丁（354—430）写了很多关于基督教教义和神学方面的书。他对中世纪影响深刻，克里斯蒂娜经常引用他的话。

②《传道书》41：12。

③见《约翰福音》8：42-7，10：27关于耶稣在圣殿中的教导。

12 有关审慎的生活方式

我刚才提到，审慎指引着智慧的淑女如何安排她的生活。她的生活应该是这样的：清晨很早起来，首先到上帝面前，对他说："我的主，求你保守我这一天远离罪恶、死亡以及所有的灾难，也保护我们的亲人和朋友。那些逝去的人，饶恕他们的罪；也请将平安赐给我们所治理的民。阿门。"她对上帝的热爱促使她如此做，但她不需要强迫她的仆人都效法她。法兰西查尔斯五世的妻子、智慧的皇后珍妮（Jeanne）就是这样做的。[①]她每天天不亮就起来，自己点上蜡烛，向神祷告，但却没有命令她的任何仆人使女和她一样早起，剥夺他们休息的时间。

对于一些淑女，必须在繁忙的工作允许的时间内参加弥撒。这是因为当君主看到他们的妻子如此良善和审慎的时候，就会授予她们治理人民的权力，从而自己可以放心去处理其他的事务。于是这些淑女要花更多的时间和精力管理和领导参议会。在上帝

的眼中，她们不能长时间祷告，是可以饶恕的。因为她们不像那些有大量闲暇时间的女性，可以花很多时间来敬拜神，但她们并不因此就失去了美德（除非她们自愿放弃那种忙碌的生活，为安静冥想的生活奉献自己）。正如我之前提到的，安静冥想的生活不需要忙碌操劳就可以亲近上帝，然而忙碌的生活，如果离开了安静和冥想就不能正常运行。所以这位淑女应该智慧地安排她的生活，在离开礼拜堂的时候，应该怀着谦卑和怜爱的心发放救济。如果有人的请愿是合理的，她就应该认真地倾听，并得体地回复那人。她不故意耽搁，总是增加救济的数量，使得她的名望增加。如果她没有能力处理所有的请求，就应该派一些绅士来处理这些事情，并叮嘱他们工作的时候要有仁慈的心，也要有效率，她还要亲自监督他们的工作。

除此之外，如果这位淑女还担负着处理政务的责任，她就需要准时出席参议会。她在那里一切的表现和礼仪都要周全，要符合她的地位，使得在座每个人都因她的权柄而尊重她。她要认真倾听每一项建议以及每个人的意见。她要集中全力，抓住重点，也要分辨哪些议员表述最清晰、建议最好、思考最缜密，哪些是最审慎和最智慧的。在不同的意见中，她也要知道哪些建议是最引起争论的。这样，她就可以照顾到事情的方方面面。当有人来和她讨论什么的时候，她权衡轻重，智慧地应付。如果可以提前了解这人的提议和背后的原因，并慎重地计划合宜的回复，那就更好了。另外，这位淑女还应该召集一些忠心、良善、不贪婪的人做她的顾问。很多王子或者公主因为他们贪婪的顾问而蒙羞，由于他们自己内心贪婪的倾向，也就鼓励了那些给他们建议的仆人们。这些顾问不可能是良善和忠诚的，也不会为他们的灵魂得救和身体得荣耀而着想。所以一位审慎的淑女一定要小心分辨她的仆人是否过着道德的生活。

在早晨的听证之后，就是午餐的时间。在某些特别的日子，午餐会在礼堂中进行。这位淑女和其他官阶的人按照次序入座。桌子准备好了的时候，[2] 她会要求某位绅士讲述一些逝去却有名望的人在世时的事迹，或者关于道德和模范生活的小故事。饭桌上不要有任何的争论。接下来，如果在座的有公爵或王子或者其他来访的淑女，她要得体地问候每一个人，让每一个人感到满意。她的话语体贴，面容亲切，对年长的要表示尊重，对年轻的需要快活的口吻。如果有人发表了一些有趣的言论，淑女要以一种令人愉快的方式克制太过夸张的反应，这样，人们就知道她是位优雅的女士，她的名声也会在各

地流传开来。

调味品收走后便是退场的时间。③这位淑女回到自己的卧室中，如果有需要的话可以休息一会儿。然后，如果她不再有什么消磨时间的事情，就可以找一些得体的娱乐，和周围的女伴们一起放松一下。在她的闺房中，女伴们可以选择任何一项合乎体统的娱乐项目，她们一起游戏、一起欢笑。在这种私人聚会中，这位淑女要表现出自己的大方，她的女伴就会夸赞她的亲切和自由的

态度，也会打心眼里愿意和她交往。到了晚祷④的时候，如果了解到那天没有什么特别的宴会，也没有什么重要

的事阻止她，她就可以放心地去做晚祷。在那之后，如果是夏天，而且到晚餐之前还有时间，她可以在花园中散散步，这既有利于健康，也有利于心情的愉快。但如果这时有任何人因为什么事情要见她，她要许可他们来到她的面前并耐心地倾听他们的要求。这样，在这位淑女忙碌的一天行将结束之际，她将再次来到上帝面前献上自己的祷告。

至于其他一些淑女们喜爱的娱乐活动（打猎，有时带上猎鹰进行的水上捕猎活动⑤和其他休闲活动等），我们在这里就不一一提及，留给她们和她们的丈夫根据自己的喜好来决定吧。淑女们在这些方面可以有一定的宽容度，只要凡事不要过度，永远要持定适度的原则才好。

注解:①Jeane de Bourbon（1338—1378）1350年嫁给查尔斯五世，生养了9个孩子，包括后来的查尔斯六世和Louis d’Orleans公爵。她死于生产，医生说，由于她执意不听劝告而洗澡，结果发生意外身亡。

②那时候，桌子是有桌面和桌腿组成，餐后桌子和桌腿被拆开，靠墙放好。

③调味品用来给食物增加味道，但也在餐后食用来帮助消化，广泛使用的有肉桂、丁香、姜。

④通常在黄昏的时候，是最重要的仪式时间之一。

⑤带着猎鹰的捕猎是男性女性都可以进行的活动，女性禁止带着猎犬捕猎。两种捕猎方式都需要骑马进行。猎鹰被用来攻击其他鸟类和野兔等小动物。“水上活动”指的是捕猎苍鹭、鹤等水鸟。

13 审慎教导珍爱荣誉的淑女七项生活原则。第一课是如何对待自己的丈夫

到目前为止，我们已经详尽讨论了一些重要的基本原则，首先是爱和敬畏上帝，其次是淑女的行为举止，然后是她们的生活方式。现在，我们要进一步讨论七项具体的生活原则，凡是渴望拥有智慧和名誉的淑女都应该服从这些原则。我请求姐妹们（无论你们的地位高低）都要在生活中实践这些原则，因为没有行为的知识是死的。

首要的原则是对每位淑女（每位已婚女性）而言，就是要爱自己的丈夫并与他和睦同居。做不到这点，这女人的生活中必充满暴力和骚乱，如同生活在地狱中一样。我们发现，无论哪个阶层的女性，即便她们很爱自己的丈夫，却不懂如何与丈夫相处（由于太年轻或其他什么原因），这就是我们现在要教导你们的。

一位尊贵的淑女，如果她情愿在任何条件下都遵循荣誉的守则，便会以真实的信心和爱心来对待她那无论

年轻还是老迈的丈夫。这意味着，在丈夫面前，她是谦卑的，无论在话语、行为还是行屈膝礼的时候；她听从吩咐不发怨言；尽可能维护夫妻之间的和平，就像《圣经》中所记载的以斯帖皇后那样。[①]因着她的好行为，她的丈夫深深地爱慕她，她所求的，也没有一样不给她的。除此之外，她还要特别照顾丈夫的身体和灵性。在灵性方面，她若看到丈夫身上任何罪性的污点，又知道这罪会让他走向灭亡，但却不敢当面告诉他，怕引起他的不满，她就应该请自己的忏悔神父[②]去提醒丈夫，告诫他当在一切所行的事上做我们主基督的仆人。她会常为丈夫和自己的灵魂祷告。

除了对灵魂的关注，这位淑女还当关注丈夫的身体，让他得享健康和长寿。她要常常询问他的医生，了解他的健康状况。细心的妻子要留意不同医生的意见，并要常做比较。

她要留心对丈夫的照顾是否周到，为此她并不以监督伺候丈夫的仆人为耻。因为贵族妇女并不像平民那样可以经常陪伴丈夫身边，[③]她们就需要常常询问他周围的侍从们，来了解他的身体状况。每次见到她的丈夫，她要满怀喜乐，说话讨他的喜悦，也要常常面带微笑。

也许有些人会批评我们在这里讲的都是无用的废话，因为没有考虑到现实生活中的种种复杂情形。他们会说我们让妇女们爱自己的丈夫，却不考虑那些丈夫是否值得这样被爱。有些丈夫对待妻子极其冷漠，从不或者很少表示关爱。虽然这些丈夫也需要学习功课，但我们这本书是针对女性来讲的，完全是从女性的利益为出发点，来教导她们如何避免羞辱，行在蒙恩的道路上。

假设一个丈夫，不管他是贵族还是平民，对待妻子非常粗暴；假设他不爱妻子，甚至还和别的女人发生不正当的关系，如果这位妻子无力挽回这种局面，她就必须忍耐这一切，智慧地掩

盖错误，假装对发生的事情毫不知情。审慎的女人会这样想："如果你严厉地谴责他，你什么也得不着，你这样做无异于火上浇油，他可能很快会离开你，别人也会耻笑你，耻辱将会陪伴着你度过余生。所以，无论你的丈夫是何等样的人，你都决定和他同生死。"

智慧的女人需要费心体会丈夫的心思。在提出建议时，她会以温柔的态度提出来。有的时候要劝他敬虔，有的时候要劝他行善，在这些时候，她要保持微笑，好像是在说一件轻松的事似的。另外，她也可以通过周围的人或者私人神父来转告她的丈夫。这位淑女不会容忍别人在背后讲她的丈夫任何坏话，作为一位审慎和智慧的女人，她会禁止这样的闲话。因为传言只能让她伤心，并不能让她得着什么。

当一位丈夫执意以错误的方式生活的时候，这位妻子就要来寻求上帝的帮助。她要深深地相信，这样一个男人，总有一天会后悔失望。那一日，理智会对他说："你对你那良善的妻子犯了大罪。"他便会悔改，也会比任何一个没有背叛过妻子的人更爱他的妻子。最后，这位淑女的恒久忍耐为她赢回了荣誉。

如果丈夫将要远行、出航或打仗，妻子要迫切为他祷告，也要召集人一起为他祷告。她会增加救济的数量，也会衣着朴素，素面朝天，在丈夫回来之日，以极大的欢喜出来迎接他。她热烈欢迎他的军队，并热切地恳听最勇敢、最尊贵的战士的故事；也怀着极大的兴趣听他们征战中的趣事。她赏给他们尊荣和上好的礼物。

她还要询问那些照顾她丈夫的人是否尽了责任。她毫不吝啬夸赞最尽责的人。这些都与淑女的名誉是相称的。她不会在暗中做这些事，因为没有什么比忠于她的丈夫更大的荣誉了，她毫不隐讳对丈夫的真心爱慕，并以忠实待他（通常真心爱着自己丈夫的女人是不会背叛他的）。她的忠心有爱为证。一切美好的言行举止也为她作证。判断一个人通过他的行为；好的行为就会证明好的品性，反之亦然。

这第一课到这里就结束了，愿一切亲爱的姐妹们从中受益。

注解：①《圣经·以斯帖记》。

②通常，宫廷中的王后有私人的忏悔神父垂听她的忏悔，给她属灵的建议。

③一个贵族的家庭可能就是一个小城镇。在十四世纪的法国，国王的家里有大约500个仆人、长官，还包括王后和子女房间中的仆人。有不同的部门负责食物等不同事务，每个部门有一个总管。有一些职位更加受人尊重，好像贴身侍从。大部分仆人是男性，除了贵族夫人的侍从和子女的保姆以外。

14 审慎教导的第二课，聪明的淑女如何对待丈夫的亲戚和朋友

审慎向淑女（即一切聪明的女性）要教导的第二课，就是如果她珍惜自己的名誉，她要让每一个人知道她对自己丈夫的爱，也要同样去爱和尊敬丈夫的亲戚。他们来访的时候，她要热烈地欢迎他们。有别人在场的时候，她要尊敬丈夫的家庭更甚于自己的家庭。她尽可能地取悦他们，亲切地对待他们，以慈爱的态度、可爱的个性赢得他们的好感。如果在他们和她的丈夫中间有任何的争执，她要以最大的可能平息他们的冲突。她在丈夫的面前夸奖他的亲戚们，而不会让自己陷入到冲突中，更要尽可能地避免和那些亲戚间的任何争论。如果哪位亲戚态度冷淡无礼，她要尽力挪去这些阻隔，从而维护自己的名声。

她不仅要爱丈夫的亲戚，还要爱他所爱。即便他有些朋友品行很差，她还是要友好地对待他们，因为她并不能改变他们什么，也不能影响她丈夫对朋友的爱与憎。无礼地对待这些人只能带来争执，为自己树立敌人。人们说妻子永远不会爱丈夫所爱的那些人。但是，如果她的丈夫信任她，她又确定丈夫的朋友的确为人不善，与之交往只能让她的丈夫走向堕落，她就要选择独处的时候，小心、温柔地提醒丈夫，或者通过别人转告他。

懂得这些原则的淑女，她们的丈夫也会珍爱她们。同时，也会博得他的亲戚们的好感，这会给她带来很大的安全感，因为很多时候这些淑女会被丈夫的亲戚们所伤害。同时，她这样做也是更加证明自己对丈夫的爱与忠诚。

15 审慎教导的第三课，如何关注子女的成长和福利

审慎教导智慧的淑女的第三个功课就是，如果她有孩子，她就应该看顾孩子的成长。即便为男孩子指派老师和合适的监护人是父亲的责任，但母亲的本性就是照顾她的子女，她还是要在各方面来关注孩子的成长，除了确保他们身体健康，也更要懂得管教的方式。

聪明的淑女要知道如何管教孩子，也要了解那些负责教育小孩的人工作效果如何。她不会等到谁来向她告状才去管教，而是常常亲自去看望孩子们，陪伴他们上床睡觉，喊他们起床，了解他们有否有正常的作息习惯。做这些事并不会使她丢脸，因为子女是我们最大的宝藏、荣耀以及安全所在。有的时候，有些人正因为对子女的畏惧，而不敢来伤害

他们的母亲。所以，母亲要细心爱护孩子，便会得到很大的赞赏，这也是她智慧和良善的标志。

一位母亲深深爱护自己的孩子，也必会重视对他们的教育。首先，她要确保他们愿意服侍上帝，其次要会读会写，老师也会认真地教导他们祷告。聪明的淑女会首先得到丈夫的许可，让孩子们学习拉丁文，这样他们可以对科学略知一二。这样的教育对贵族的孩子们是合宜的。当他们长大一些，理解能力增强了，她便会让他们处理一些具体的事情，包括治理国家等王子需要知道的大小事宜。他们需要知道所有道德的法则，避免走邪恶的道路。这位母亲也要特别重视孩子的老师和交往的朋友们的行为举止和学识智慧。如果这些人品行恶劣，她便会叫他们离开，用其他人来取而代之。

她要常常叫人把孩子带到身边来，观察他们的仪表、行为和言语，她也会严厉地纠正他们的错误。她会让孩子尊重她，也要为她带来名誉。她常常与他们交谈，来了解他们的想法和学到的东西，她也要以智慧来教导他们。她的女儿要由善良、智慧的女教师们来照顾，在她托付女儿的教育之前，要先考核家庭女教师

的举止态度和生活背景。这些女性要有很好的口碑，为人敬虔，有智慧。她们要有良好的家庭背景，有智慧和审慎的态度，从而可以在国王的女儿面前树立美好的榜样。她品格成熟，在一切的生活习惯上都受到尊重，连她所教育的女学生，以及宫廷中更有权威的人都尊敬她。这位家庭女教师有责任保护国王的女儿免受一切不良的、身份卑微的、愚蠢的、没有礼貌的人的影响。当女孩子长大成熟，她的母亲要教她读写的本领，在学习了宗教礼仪和做弥撒之后，她可以阅读一些关于敬拜、默想或有关敬虔行为的书。这位母亲不会允许她的女儿接触任何污秽、愚蠢的读物，因为一个人年少时学习吸收的东西会影响她的一生。聪明的淑女在照顾女儿成长的岁

月中，女儿越大，母亲越要小心。她要将她们常常带在身边，教导她们举止有礼。这位淑女的审慎和美德便会成为她女儿们一生为之效法的榜样。

16 审慎教导的第四课，如何对待那些不喜欢她或嫉妒她的人

审慎教导智慧的淑女的第四个功课与前面的那些截然不同，但并非不重要。上一课提到看顾孩子的成长和教育，这是每一个母亲的天性；然而我们现在要讲的如何保守自己的心思意念却是超乎人的天性的。正因为它的困难，可以做到这一点的人就更加值得赞赏，这背后的力量和坚强，是“主要的美德”（cardinal virtues）之一。①每一位珍惜荣誉和称赞的淑女都需要了解这一点，否则她们的审慎也是不完美的，对于她们来说是无济于事的。

让我换一种方法来说，根据这个世界运行的规律，没有任何一个王子，无论他多么正义，或者任何一位尊贵的公主，可以讨所有人的喜欢，这一点是毋庸置疑的。让我们想象这样一个人，他几乎完美，心中不怀有对任何人的仇恨，对所有人友善，但就是这样一个人，也不是所有人都喜欢他。我们可以在基督耶稣身上看到这一点，唯有他是完美无瑕疵的，但人的嫉妒杀死了他。我知道类似的事发生在很多良善的人身上。可以说，一位淑女越是善良，嫉妒这种丑陋的情感对她们发起的攻击就越猛烈。没有一个男人或女人有能力对付这些争战。因此，聪明的淑女们，以及希望慎重行事的人们，都要当心了，要为自己预备出路。如果命运女神向她伸出攻击的手②（正像对许多善良的人做的那样），她发现一些很有权势的人恨她，伺机伤害她，也要破坏她和丈夫之间的感情（她的丈夫可能会因为那些人的奉承相信他们的话）；或者有人散播谣言，让她在其他人面前难堪，这时候，不要表现出来你已知情，也不要把那些人看做自己的敌人，反而，要待他

们如同自己的朋友一样。这样，他们就会以为她并不知道他们的敌意，还会觉得她比对任何人都更信任他们。但这位淑女要注意，不要让人看出她是有意这样做的。如果她在某些时候对待那些人如此热情，在另一些时候却按捺不住怒气，让人看出她脸上的微笑只是假装，那就是她最丢脸的时候。聪明的做法是，要做得适度，也要为最坏的情况早做准备。她会装作听从他们的建议，也会召集他们参加机密会议，在会上不要透露自己真实的想法，只谈论最普通的一些事，却要装作很真诚的样子，他们就不会提防了。

说话的时候也要特别小心，如果她在背后说的一些话和给他们留下的印象不一致，她就会处于非常危险的境地。因为不是所有的仆人都是忠诚的，所以她要特别小心谨慎。有的淑女太过粗心，但就是一两句错话就会毁了她的全盘计划。如果她的敌人知道了她对他们的敌意早已了然于心，却故意假装，那么她就会面临极大的羞辱。他们会认为她这样做是出于恐惧，于是他们就会益发骄傲和大胆，肆无忌惮地来伤害她。所以这位淑女一定要知道如何避免这种局面的发生。

如果有人向她报告某些人对她的不满，她便要责备这人，指出他们是她的忠实的朋友，对她所怀的是美好的愿望。举例说，她的敌人批评她自大，她可以含糊其辞地说他们一定是有什么原因这样说，而非对她怀有恶意。她要装作非常单纯无知的样子，装作什么也不知道，对他们没有丝毫的怀疑。同时，在这一切的伪装之后，她要特别地小心提防，注意这些人的一举一动。

如此看来，这位淑女如此谨慎提防行事，但这并不是一件坏事，而是一种美德，因为它是用来维护良善与和平的，不伤害任何人，同时避免了更大的灾难。对他人的恶意不知情其实是对她的保护，使她自己受益，免于不幸。如果她与他们当面对质，就会不可避免地带来辩论和争吵。她要为自己伸冤，也会让周围的朋友陷入尴尬和危险的境地。她的丈夫、其他公爵和人民会更偏向于相信那些人的话，随后即是更激烈的争吵和更大的不幸。她会觉得更加委屈和伤心。我以上教导的耐心和“伪装”的功课，却可以让这位淑女安抚敌人一切的愤怒和敌意。至少，他们不会对一位毫不知情的淑女做出太大的伤害来。除非他是极度的恶劣，才会对把他当朋友的人下手。

但让我们来假设这些人坚持背信弃义的行为，他们的恶行就会昭然若揭，会受到更大的谴责，会被每个人指责为卑劣的小人，而这位淑女，因着她长期的忍耐，而得到人们的爱戴。所以这一课，不仅对尊贵的淑女们，更是对所有的女性而讲的，因为在婚姻中由于别人的谗言，很多女人不知道要假装忽略一些事，或者不知道该如何处理一些事，然后就带来数不胜数的争吵。但请你相信，上帝知道我们所经历的一切！

---

①注解：这些主要的美德包括：审慎、节制、坚韧和公正。

②克里斯蒂娜在这里使用命运的字面含义。在她的另一本著作《命运的改变》（Changes of Fortune）中，她生动地记录了她的命运如何在25岁那年发生改变，从富足变为毫无保障的寡妇。在中世纪文学中，命运女神（Dame Fortune）（从罗马命运女神而来）被认为操纵着一个命运之轮，人被固定在这个轮子上，当轮子旋转的时候，高位的人就会突然沦落到卑贱的地位。

17 审慎教导的第五课，聪明的淑女如何获得属下的爱戴

一位贤良的淑女希望在一切行为上约束自己，从而在她一切所行的路上播下美名。因此，作为一位皇后或公主，她需要和所有的人员，教会中的领袖、教士，议员及中产阶级和普通老百姓保持良好的关系。我们认为她应该尤其和这些人，而非公爵和伯爵们，建立美好的关系，这不应该令人惊讶。因为在日常生活中，她已经很自然地和贵族们建立了联系。她要和以上提到的人特别建立关系，出于两方面的原因。

首先，那些敬虔的人会在上帝的面前为她不住地祷告，第二，是在讲道中，他们会称赞她的名。这样，在某些时候，这些人的声音可以为她抵挡敌人的污蔑。同时，她会获得丈夫和普通人的爱戴，也会在危难中得到有权势的人的支持，这些人都曾听说过她的作为。所以，她需要认识那些在人民中最有威望的教士或者学者，这些人的看法会影响别人对她的想法。她要和他们亲切地交谈，就一些事情询问他们的建议，并将这些建议应用到生活中。她要挑选合适的时间邀请这些人和她的私人忏悔牧师等有名望的人一同赴晚餐。在她的宫廷当中，她要当面向他们致敬，这样做是合宜的。在她力所能及的范围内，她要常常奉献或捐赠给这些人的学校或教会。

通常，捐赠应该在暗中进行（从而捐赠人不至于因此自高而犯罪），但如果这位淑女的心中不含有骄傲，

她就应该在众人面前进行捐赠，从而为别人树立美好的榜样。智慧的淑女也会要求她的捐赠款项被记载在教会的碑匾上，这样看到的人就会为她祷告。或者将她的名字记录在捐赠人的名单上，或者在公共场合声明她的善行。这样做是为了让其他人学习她的榜样。看上去这似乎有一点伪善，但这也是所谓“正直的伪善”，因为它的目的是好的。我们并不是说，在捐赠的名义下，一个人可以行邪恶的事，或者可以让虚荣心作祟。事实上，为这美好的目的而产生的“伪善”有时候是不可避免的，它并不冒犯任何值得尊敬的人。对国王和王后来说，他们统治人民，必须要得到人民的尊重。如同在瓦勒里乌斯（Valerius）①的书中所写，以前的国王们为了得到子民的尊重和敬畏，他们号称自己是神灵的后裔。

智慧的皇后还应该在她丈夫的议员眼中蒙恩。她要礼貌地接见他们，智慧地和他们讲话。她要尽力得到他们的尊重。这对她来说在几方面都是重要的。他们会夸赞她的好行为。当某些嫉妒她的人要设计陷害她的时候，他们会阻止这样的事情发生。他们也会在国王的面前替她澄清谎言。如果她有什么事情要在宫廷中提出来，他们也会友好地来支持她、为她效力。

另外，这位淑女也需要赢得神职人员的好感，因为这些人士经常在议会等地方代表人民发言。她要抽空来接见这些人，特别是其中的领袖和重要人物。她要亲切地和他们交谈，以显明自己尊贵的地位，但并不是为了吹牛，而是让他们看到她在一些行为和知识上的长处，这样就可以获得更多的荣耀和称赞。她这样做，是希望无论是她丈夫管辖内的城市公民、商人，甚至是卓越的工匠都可以常常来问候她，她热情地接待他们，得到他们众人的认可。这样，在遇到困难的时候，如果她急需要现钱，那些喜悦她的商人就可以及时伸出援手。如果她必须借钱，同时又要保守承诺，她就要在说好的时间内把钱还上。一个一贯守诺言的人最终会赢得人们的信任。

在这课中，我们一再教导的是聪明的淑女如何赢得属下的敬爱，但对于一些读者来说这些可能都是无用的教导。他们可能会认为皇后或公主不必去取悦他们的人民，只要发号施令就好了，属下都会遵命，费尽心思地讨好她，而不是反过来。对于这种意见，我们并不是不尊重有这样意见的人，但我们认为我们的教导不仅对皇后，甚至对国王都是必要的。这里面有很多原因，但最重要的有两条。首先，虽然国王是人民的统治者，但是却是人民成就了他的统治，如果人民想推翻他的话，他们可以很容易地找到一个替代者，而国王却不能轻易地找到一群人拥戴他为王。另外，单独个人的力量也不足以和人民集合的力量相抗衡（即便他有这样的能力，也要尽量避免这样做）。因此，他要努力赢得人民的爱戴，从这样的爱中生出敬畏的心来，否则他的权威也会受到威胁。俗话说得好："不得人心的国王，他的王位并不长久。"②得到人们的敬爱实在是一位国王所能做到的最明智的事情，因为没有任何坚固的城池和防御工事可以胜过人民的敬爱更能保守国王的王位。

其次，假设人们对统治者怀有好感，但他们没有勇气拜见统治者，也从没被邀请这样做过，国王或王后就要主动发出邀请。很自然的，人们会为此欢欣鼓舞，也会觉得自己受到了尊重。这就会使得他们更加热爱自己的国王和王后。在这点上，一位智者曾说过没有什么比国王自己的善良和德行更能吸引他的子民归向他了。一位国王也说过，他希望他对待子民的态度可以使他们因他是他们的王而骄傲。聪明的淑女要牢牢地记住这点。有时，她可以邀请一些妇女来拜访她，亲切地和她们讲话，欢迎她们，她们就会称赞她的智慧和慈爱。她也要为她们子女的婚礼发出贺词，同时常常让这些妇女陪伴在自己身边。这样，她就能赢得一切男人和女人的敬爱。

注解：①瓦勒里乌斯（Valerius Maximus），公元一世纪的罗马历史学家，著有一本演说家的修辞合集。

②There is no lord of a land who is hated by his men，中世纪晚期非常流行的一句谚语。克里斯蒂娜在她的《命运的改变》中也曾引用过。

18 审慎教导的第六课，聪明的皇后如何维持宫廷中女眷的秩序①

如同好牧人照顾他的羊，要让他的羊健康不生病。

如果有一只患了疾病，就要把它单独隔离出来，免得传染了其他的羊。同样的，皇后也要担起教导她的众多女眷的责任，使她们仪表端庄、行为清洁，因为她不希望让任何行为轻佻的女子陪伴在她周围。宫中的男人，特别是一些骑士和侍卫，总是喜欢调戏引诱那些女子。因此明智的皇后要严格地命令，在她的宫中不允许任何访客私自和她的女侍们讲话，甚至引诱她们。如果谁这样做了，她要用明确的态度阻止他们。贞节的淑女

应该以同样的标准要求她的属下，否则宁愿驱逐她们使她们离开她的身边。

女眷们要参加合宜的娱乐活动，男人们才不至于模仿、嘲笑她们。无论什么时候，在跳舞或其他娱乐活动中，淑女们要讲话温柔、举止端庄，避免轻浮、夸张、喧嚣的表情和行为。不要像野鹿一样高昂着头，这对于宫中的女人来说是不合宜的，也会受到别人的嘲笑。相反的，宫中的淑女应该比别处的女人表现出来更多的谦卑、礼貌和敬虔的态度，因为她们是最受到人尊敬的一些女性。

我们的教导针对所有国家中的女性，每一位宫中的淑女和女眷们，无论年老还是年轻，都有责任让自己更加审慎、更加有礼、更加有教养。宫中的女人应该在一切事上做其他女人的榜样，如果她们做不到这点，就是给她们的主人也是给她们自己抹黑。另外，聪明的皇后也要注意仕女们的穿着和饰物要适度、合宜。

皇后要在大小事上维护宫中女性的秩序，就像审慎的女修道院院长管理她的修道院一样，避免有任何对她不利的流言在城镇中或其他更遥远的地方传播。皇后便因此受到敬畏和尊重，没有男人或女人敢违背她的命令，或质疑她的决定。但同时，这一切与良善和温柔的品格并非矛盾，因为她的恩典才足以让犯错的男人或女人们知错悔改。

注解：①在这章和其他地方，克里斯蒂娜一再强调美德是针对各阶层所有妇女的声明，掩盖了法国宫廷急需美德教诲的事实。伊莎贝尔（Isabeau）皇后的宫廷在当时成了流言和私通的代名词。在克里斯蒂娜写下这些文字不久，宫廷中的几个妇女因为其任性的行为被法国的最高法院放逐或监禁。

19 审慎教导的第七课，聪明的皇后如何管理收支和宫廷秩序

审慎的第七个教导是聪明的皇后如何管理收支状况，这不仅对国王和皇后适用，对所有希望以智慧度日的人都有用。皇后不要对询问收支不好意思，在某些时候有必要请管理财政的大臣当面汇报财政情况。她需要了解管家们如何管理物资和人员以及如何分配食物。①皇后也要了解其他各部门的运作，无论职位大小，都要确保当职的人品行正直，否则的话，就要毫不犹豫地开除违规的人。

皇后要清楚宫内的开销，什么是从商人或平民那里买来的，所欠的账要当天偿还，以免债主们抱怨。要确保不亏欠任何人，开源节流。制止任何属下抢夺穷人的财产，或以不公正的价格和穷人做生意，不可以欠穷人的钱，从而避免穷人们因为得不到报酬而拿着买卖契约书找到她的宫里来。不要容忍任何欺骗的行为，更要禁止以空洞的许诺愚弄人民。

明智的皇后用以下的方式管理她的收入。她将收入分为五部分。第一部分用来周济穷人。第二部分用于宫廷支出：了解总支出的数量，如果可以的话，了解每笔支出是什么，并请求她的丈夫允许她询问这些交易的细节。第三部分是支付管家和侍女们的薪水。第四部分是为一些特别的场合准备礼物。第五部分积攒下来，为自己准备珠宝衣物等必需用品。每一部分都要量入为出。遵循着这条原则，她就可以把内务管理得井井有条，也不会在什么事上有所缺乏。因着这条原则，聪明的淑女要常备积蓄，以防不时之需。大手大脚的花费和铺张浪费是不可能存下什么钱来的。

淑女们遵循这以上七条审慎的原则并其他种种美德，其实并不困难，只要她有忠诚的心，并渐渐地养成审慎的习惯，就可以在她所在的世代，最终在上帝的国度中，赢得荣耀、美名和尊严。这些就是美德所结出的果子。

注解：①见第一部分13注释③。

20 聪明的淑女如何展现宽大的胸襟

我们已经陈述了一些淑女应当具备的美德，但只简略地谈到淑女们应该在一般性的支出之外展现适度的大度。在这里，我们要更加详细地来谈论这一点。

一位聪明的淑女不希望自己受到任何的非议，她会特别小心不要让自己显得过于吝啬，或者毫无原则地慷慨大方（这同样不合适）。所以，她要谨慎分配所得到的礼物，慷慨给予是最能表现国王和皇后威信的。索尔兹伯里的约翰在《波利克拉替库斯》（Polycraticus）[1]一书中也证明了这点，慷慨的品格，对于那些管理公共事务的人来说是一项必须具备的美德。例如古罗马皇帝提多通过他慷慨的行为获得了很高的声誉。[2]这位皇帝是如此喜爱慷慨的施舍，以至于一天不派送礼物，就会闷闷不乐。他也因此赢得了百姓的爱戴。

聪明的淑女应该这样体现她的慷慨：如果她有施舍的能力，在得知某个人因为遭监禁或支付保释金的缘故破产时，[3]她会在自己的能力范围内，非常乐意地资助他。慷慨并不仅仅以物质的形式出现，如同一位智者所说，慷慨也体现在安慰的话语中，她要劝勉他们，让他们对明天仍然抱有希望。这些劝勉的言词可以与那些金钱一样，或者更大程度地帮助陷在困境之中的人。对于任何人来说，得到国王或者皇后的帮助，即便是口头上的，都是极大的安慰。

另一种情况，当她看到一位骑士具备所需的勇气，并渴望赢得更高的荣誉，却没有足够的钱装备自己，她就会因着对荣誉的崇敬来出资帮助他，鼓励他高尚和勇敢的行为。在另外一些不同的场合，这位淑女可以表现出审慎的慷慨。当国王或者君主赠送礼物给她的时候，她要大方地奖赏信使。而且，她对外国贵宾应表现得更加慷慨，因为他们可以在本国中传扬她的美德。当其他女性赠送给她礼品的时候，她要以更大方的姿态回赠珠宝和饰物。如果是穷人或平民帮助了她，或送给她一些稀奇的礼物，她要特别重视这样的礼物，并慷慨地回赠，让对方更加地喜乐。另外，她要以愉快的表情接受礼物，表达她的接纳和感激。

我们曾目睹过一件不希望淑女们效法的事。那是在一个蛮有尊严的宫廷中，一个智慧人被召入宫分享他的学识。所有人都对他的学问感到钦佩。这些对国王有益的建议理应使他获得相应的报酬。但同时，有一个小丑也正好在宫廷中，他擅长模仿宫中的人物，讲一些毫无价值的笑话。于是，国王决定赏赐这两个人，前者是因为他的学问，后者则

是因为那些笑话。小丑获得的礼物价值40埃克，而学者获得的礼物才价值12埃克。[④]当我们——理性、正直和正义三女神——目睹了此事，我们因为羞愧而掩面，不是为了礼物的价值，而是因为那代表了国王眼中人的价值。明智的淑女们万万不可效法此事，也不可和愚蠢的人交往。她们不应该把时间花在毫无价值的事上面，也不应该赏赐那些擅长无聊之事的人，却要赏赐那些真正拥有美德和学识的人。

注解：①萨林斯堡的约翰（John of Salisbury）（1115—1180）写的Polycraticus既可以作为管理国家的指导，也是一部哲学思想的著作。提多（Titus，AD 39—81）虽然在军事和政治上残忍，却以慷慨闻名。他在他父亲Vespasian于公元79年过世之后成为罗马皇帝。

②关于偿付赎金导致的困境，见第二部分10注解①

③查尔斯四世时期的1埃克（é cus）相当于22 sous，6deniers。Willard说这可能是映射Louis d’Orl é ans的皇宫，但克里斯蒂娜谨慎地没有太过具体地说明。更多货币的信息，见第三部分9注解②。

21 如果有些淑女不能将以上的建议付诸实施……

我们已经讨论了慷慨的问题，但在我们转向其他话题之前，让我们针对以下两个问题作一些解释：智慧的淑女到底怎样才能和属下都友好相处？她又怎样才能做到真正的慷慨呢？这问题也可以这样理解：“你说聪明的应该赢得心，了解她的下属，但这条原则是否适用于所有的贵族女性呢？无疑的，虽然有些淑女聪明又贤惠，但她们的丈夫脾气恶劣，严格地限制她们的一举一动，她们很难有与外界人相处的机会，甚至与自己的仆人说上一句话都很困难。以上那些原则根本就不适用于她们。同样的，有些丈夫严格限制妻子的收入，她们没有任何积蓄，因而也就谈不上什么慷慨。”

我们可以用一句话简单地回答这问题：我们的教导并不是针对这些情况下的女性的。对于这些公主和夫人们，我们只能建议她们恒久忍耐，在她们的能力范围内行善，顺服命令，和平相处。

但对于那些有权威、有智慧和能力的女性来说（不包括那些还在女伴护人监管之下的年轻女孩，她们也可以学习我们的教导，这可以帮助她们以审慎的原则来管理自己，这样在可以分辨是非的年纪，她们的丈夫或君主看她们行为得体自律，就会授予她们相当的权力，使她们可以执行我们在这里和之后建议她们所做的事），我们的教导是合宜的。如果一个男人看到自己的妻子聪明贤惠，却仍不愿意授予她权柄做事，那么他就是愚蠢的。有很多男人的确是这样粗暴和无知，他们不能了解和赏识真正的善良和智慧。反之，他们宣扬女人不够聪明来管理任何事。然而我们常常看到事实与这些论调截然相反。

总之，如果一些女性受到丈夫严格的限制，根本无法做到我们所建议的事，她们都是可以被原谅的。但是，正如同光不能完全被黑暗所遮蔽一样，淑女善良、智慧、慈爱的品格也不会因为丈夫的拦阻而不被人赏识。人们会看到她们的贤惠和善行，她们也会因此受称赞，这就足够了。

22 我们对守寡的淑女们的忠告

我们已经讲了许多针对已婚公主的教导，但为了让我们的教导对各个阶层的妇女都适用，我们要在这里特别将注意力转移到那些守寡的淑女们。我们想说的是：一位贤惠的淑女无疑应该对亡夫表示哀悼，在葬礼之后将自己隔离一段时间，然后根据当地的习俗，白天尽量减少外出，需要外出的时候，要披带丧服。要常常纪念丈夫的灵魂，为他祷告，在各种弥撒、礼拜、献祭中虔诚地纪念他。①还要请一切敬虔的人为她的丈夫祷告。这种纪念不是短期的，而是要持续一生之久。

我们（包括她的牧师和顾问）也要在这里提醒她，虽然要承受丧偶极大的痛苦，虽然她忠诚地爱着她的丈夫，她也必须要服从上帝的旨意。我们自打出生以来，就注定了会在上帝所定的日子死去。如果为之伤痛太久，她会令圣灵担忧，也会伤害自己的灵魂和健康，对仍然需要她照顾的孩子们也是不公平的。

在理性的劝告下渡过这难关的淑女，也有必要开始考虑自己的生活和需要。首先，她需要了解丈夫临终前最后的遗愿，尽可能地完成它，以此安慰自己爱人的灵魂。其后，如果她有子女，而丈夫还未指定遗产的分配，她就要在顾问的帮助下合理分配产业，使子女尽都满意，且尽可能地不引起任何争执。年少的要服事和遵从年长的。她还要知道有什么是属于她的那部分，可能是私人财产也可能是嫁妆的部分。如果她没有子女，周围有人想欺骗她，夺取属于她的那部分（这是经常发生的，无论这位妇人的地位贵贱），她就要召集有力的助手，大胆地用法律和道理来保护自己的权益。不要使用辛辣和草率的言语，但要有礼有力地陈述她的情形。然后还要记住，在她的有生之年，敬重丈夫的父母亲，遵从他们，她会因此得称赞。

如果一位皇后失去丈夫的时候，长子年幼，男爵间又常常爆发冲突和战争，她就要运用她的审慎和智慧来尽可能地维护和平。她要充分意识到内战的危险性。况且长子年幼，她要尽可能地以智慧维护男爵之间的和平，寻找合适的战略，有技巧地谈判，听从忠实的顾问的意见。或者，如果在某些领土上发生暴乱，或外敌入侵（这经常发生在国王死后，而子女尚幼的时候），战争无可避免，这位皇后要运用智慧最大可能地保护孩子的利益。她要赢得男爵和领主们的忠诚，同时也要获得骑士、侍从和绅士们的支持，使他们在任何时候都会为年轻的国王奋不顾身地征战。她也要得到人民的爱戴，他们会用自己的财富和力量来帮助她，人民必须是忠诚的，没有人可以使他们背叛她。她要常常告诉他们，她并不想让他们因战争而烦恼，如果他们因为战争的开支生活变得艰难，如果上帝允许的话，这样的情形不会持续太久。她永远不会忘记他们的善良和忠诚，也会常常提醒她的儿子记住这一切。

这位智慧的妇人要在合适的场合这样劝说她的人民，让他们自愿为国家付出，同时也有效地防止人民的起义。反抗通常是在人民被严酷压迫的时候爆发的。所以无疑的，这样一位贤惠的皇后会对国家有多么美好的影响。

注解:①这些仪式都是为了纪念她的丈夫、帮助他的灵魂在上天堂之前度过炼狱里的时间。

23 对年轻的守寡的公主的建议

如果一位年轻的守寡的公主没有子女，在继承了遗产之后，可以继续生活在她的领地内，要根据收入情况考虑如何有效地管理财产。她要马上召集负责人、长官和镇长，观察他们的为人如何，询问当地的风俗习惯。如果这些长官为人良善，就可以让他们继续留任，如果为人不够正直，就要重新聘用一些被人推荐的更合格的人。请不要像当今法国流行的做法那样，把产业托付给出价最高的投标人。那些欺压穷人、腐败的官员，是为了金钱不惜一切代价的。但是一位明智的淑女不会随便买卖她的产业，而是要将产业托付给值得信任、奉公职守的智慧人。要严格禁止属下伤害人民或抢夺人民的财产。她也要对所有的勒索行为了如指掌。如果君主和公主们不对勒索的行为作出裁判，他们就要被上帝责备，因为他们没有拦阻那些伤害穷人的行为。这位公主要在她的属下和仆人之间尽可能维护和平。简而言之，她的属下要对她忠心，当他们和妻子们拜见公主的时候，公主要热情地接待他们。无论是地位尊贵的妇女还是城镇的妇女来拜见她的时候，她都要愉快地接待她们，按照她们应得的奖赏赏赐她们。当一些君主或陌生男人来拜访她的时候，她可以请这些妇女做她的陪伴。即使是城镇中最默默无闻的妇人都会全心地喜爱她，献给她水果或其他的小礼物。她也要愉快地接受她们的礼物。即使是最普通的礼物，她也要给予最大程度的赞美，并且诚挚地感谢她们；然后和她们聊聊家常和琐事。这些妇女回家以后，必会因为受到了公主的接见格外有面子，甚至因此举行特别的庆祝，在邻居面前炫耀自己的经历。

尊贵的淑女不会以拜访产妇为屈尊的事。她会给贫穷的产妇带去上帝的爱，给富裕的带去更多的荣耀。她乐意做那些孩子的教母。总之，无论在哪方面她都以慈爱对待自己的人民，他们天天以谈论她为乐，乐意为她祷告，全心地爱她。法国有一些最尊贵的皇后和公主，在她们守寡的时候，非常了解在各方面的行事为人。比如珍妮皇后、布兰奇皇后和奥尔良的女公爵（查尔斯四世的女儿）。[①]她们和其他一些按照这些良善、智慧的准则行事的妇女们，将永远是后来妇女们的好榜样。

以上是审慎对那些到了可以分辨是非的年龄的公主们的教诲，首先是对守寡的公主，其次是对已婚的年轻的女性们。

在一位年轻的公主守寡期间，最好生活在父母的监护下，服从父母的愿望，遵守他们的命令，做任何事之前要得到父母的允许。要按照当地国家的风俗着装朴素，无论在行为还是在外表上都要适度和简朴。嬉戏是不妥当的，所有舞蹈、紧身的衣服和轻率的举动都是被禁止的。即使她天性喜爱娱乐，又因为年纪轻的缘故喜爱嬉笑、玩耍和歌唱，但如果希望保守好的名誉，她都要弃绝这些行为，至少在公共场合，不要在男人面前做这样的事情。特别是在尊贵的君主和妇女或者骑士和绅士面前，举止更要非常小心。说话要镇静、得体。这样人们才会赞扬她，这么年轻却如此举止合宜。要记住和任何男人窃窃私语都是不妥的，也不应该总让男人陪伴在她的周围，更不能进入她的内室。这些都会导致流言蜚语，即使毫无根据，她的品格也会因此受到质疑。监护她的女伴护人要在这方面特别小心。感觉无聊的时候，这位年轻的寡妇可以享受一些节庆上的娱乐，或者和女伴们玩玩五石子的游戏。②平时，她可以做一些有用的工作来打发时间。

年轻的寡妇不要私下和别人讨论婚姻的事情，也不要留心听这些谈论，因为这样的谈话不会带给她什么荣誉。在再婚的事上，她需要特别尊重朋友的意见，如果没有他们全心的支持，她就可能会犯很大的错误。③如果嫁错了人，她的朋友也不会同情她的。她要谨记她的朋友们可能比她自己更知道什么是对她好的。

注解：①这些有名的法国贵族妇女分别是：Jeanne d' Evreux)，查尔斯国王四世的第三个妻子；Blanche de Castile (1188–1252)，路易八世的遗孀，路易斯六世（Louis IX）的母亲，Blanche of France (1328—1393), 1345年嫁给Philippe d' Orleans，是查尔斯四世和Jeanne d' Evreux的女儿。

②一种小石子和动物骨头的游戏，用手心和手背依次接住，现代抓子游戏的前身。

③中世纪时的婚姻，特别是在贵族之间，不是因着男女双方的吸引，而是出自家族之间复杂的安排。商业和政治之间的联盟多过罗曼蒂克的恋爱。

24 对年轻的新婚公主的劝告

我们早先讨论了智慧的皇后如何抚养、教导女儿。现在我们必须继续讨论作为一个年轻的公主，如何在婚后保持得体的言行举止。

我们想说的是：新婚的公主必须寻找一些和他们的身份相称的男性和女性仆人。①做仆人的绅士要年龄适中，既不多言多语，也不谄媚献殷勤，而是有着美好的品德，做事谦卑细心。那些会经常出现在她身旁或是餐桌边的仆人，最好是已婚的绅士。他们的妻子如果可能的话，也应该生活在宫中。宫中的管家应该是成熟能干的男人，可以兼任年轻公主的老师和向导。为了她灵性和灵魂的得救，还应该选择一位智慧、敬虔的忏悔牧师：他是一位在神学、态度和知识上都严谨的学者，同时也是在生活中品行正直的人。

对于服侍公主的女人们，无论是年老还是年轻的，都要有美好的品性，这就需要了解她们以前在社会上的地位，在宫中任职前过着怎样的生活。虽然在宫中服侍的所有女人都需具有好的品性，但服侍年轻公主的尤要如此。这主要有以下两方面的原因：

第一个原因是，人们通常通过观察宫中的情况，来判断一位公主或者公爵的地位。②这样，如果这些女人行为不检点，人们就会假定她们的女主人行为同样不检点，女主人的名誉就会受到损害。第二个原因是年轻的公主会被女仆不良的行为所影响。她应该寻找一位成熟、谨慎、良善和敬虔的妇人，做自己的女伴护人。她应该担负起照顾和教养年轻公主的责任，必须在以下两方面特别注意：

首先，她要教导女主人举止得体、符合道德标准，让任何负面的声音都不可以破坏女主人的名誉。其次，她要赢得女主人的爱戴和好感。做好这两件事（教导年轻妇人和赢得她们的爱）并不容易，她要非常的严谨、非常的有智慧。

俗话说，与其扑火，不如小心防火。③聪明的主人会非常警惕，留意一切危险的讯号。特别是在晚上，要小心巡视房子，以防哪个不小心的仆人遗留了未扑灭的灯烛，带来可怕的火灾。同样的，年轻公主的女伴护人也要尽力教导女主人走在正路上，如同在树还幼小的时候就保持树干的挺直。但要循序渐进的，不要突然地扭动树枝，以免猛然折断幼小的枝干。女伴护人也要寻找适当的方式来获得最佳的效果。首先，她要以优雅的态度，经常赠送一些小玩意给女主人，尽量取悦她，赢得她的喜爱。在她们单独相处的时候，即便女伴护人年龄可能大很多，也可以和年轻的女主人像两个孩子一样游戏和娱乐。她可以给女主人讲一些故事和寓言，就像给小孩子讲故事那样。这样做是为了赢得主妇的心，以便在日后更好地管教女主人。如果女伴护人一开始就一味地管教，总是不苟言笑，这就违反了孩子们爱笑爱玩的天性，当然就不能得到女主人的喜爱。女主人会怕她，不会真的服从她的教诲。在女伴护人已经赢得了公主的好感之后，她可以根据女主人的成熟度和情绪特征，给女主人讲一些著名的淑女和夫人的故事，她们如何获得荣誉、受到人的爱戴；还有愚蠢女人的故事，她们是如何自寻烦恼。她要让这些故事听起来生动活泼，让女主人非常愿意听她讲这些。女伴护人可以学习如何生动、感人地讲故事。有时，她可能要讲一些男性和女性圣人的故事，他们如何生活，又如何受难，为了防止故事太过枯燥，她可以穿插一些幽默的小插曲，也可以调动其他人的兴致，让每个人轮流开口继续她所讲的故事。

这位智慧的女伴护人使用这些技巧来赢得公主的心。在教导方面，她要有礼貌地叮嘱公主早起。教导她一些简短敬虔的祷告词，劝诫她在起床之后背诵。首先问候我们的主和圣母。她要告诉女主人凡是一早起来就向我们的主祷告的人，在一天当中都会有好运的。这是实话，因为很多人都有这样的经历。她要帮助女主人梳洗打扮，穿着得体，却不要像其他女人似的在这上面花太多时间，那是浪费时间，并不是一个好习惯。她要督促女主人出席弥撒，做敬虔的祷告。教导女主人符合她高贵身份的合宜的行为举止、谈吐打扮，使得她的言行都无可指责。简而言之，年长的女伴护人通过这些智慧的教导，让这位年轻的公主受到很多人的称赞，她们会说："应该赞扬这位年轻的女孩，这样有礼貌，成熟的举止！她一定是出身高贵，有教养，勤奋地学习了礼仪。"

但是，如果年轻的女主人不服管教，女伴护人在以下情况下可以免受责备：女主人在严厉的管教下，仍然一再地犯错误或说错话，女伴护人可以以离开她为警告。她要说，这样下去对她这样的淑女是不合宜的。如果这位年轻公主本性良善并热爱她的女伴护人，就会担心失去她，于是回转到正路上。但如果这个女孩子狂妄自大，就算警告她要告之她的父母和朋友，甚至她的丈夫的时候，她还不愿意改正的话，女伴护人可以免担责任。

女伴护人有管教年轻女主人的责任，她必须有足够的耐心和爱心。她需要了解对于年轻人来说，喜欢玩乐嬉笑是她们的天性。

她可以为女主人安排娱乐时间，召集女主人和女伴们，确保没有任何外人在场的情况下，让他们尽情地嬉笑玩乐。这样女主人的名誉就可以不受损害，这是因为即便年轻人的娱乐并非不合理，也不应该在公共场合给外人观看。

我们现在不会再继续讨论有关对年轻人态度和举止的管教，因为我们还要在之后给女主人的信中再次提及。

注解：①关于家族和仆人，见第一部分13注释③。

②出自当时的谚语“有什么样的主人就有什么样的仆人”。

③出自谚语“像防火一样防备什么事情”。

25 女伴护人如何维护女主人的名誉及帮助她获得丈夫的爱情

在安逸环境中长大的年轻人有时会太过倾向于享乐，教养他们的人必须趁着他们还没有完全定性的时候引导他们走正路。以下是我们的一些建议。

管教年轻女主人的女伴护人要尽力维护女主人和丈夫之间的爱情，正如一般年轻新婚夫妇一样，女伴护人要尽一切努力促进培养主人间的爱情。她要教导他们如何向对方说甜蜜的情话讨对方的喜悦。她要亲自为他们传递爱的信息和礼物，尽力增进他们之间的和平和爱慕，避免与之相反的事情发生。男主人不在的时候，在女主人独自上床睡觉之前，她的女伴护人应该在谈话中特别提到男主人，提醒男主人经常会说的那些情话、对女主人表达的那些爱，并要称赞男主人是多么英俊、仪表堂堂以及类似的话。

出身名门的公主和淑女身边可能经常会有伯爵、骑士、侍从或其他的陌生人陪伴，有时她们的丈夫和父母也鼓励她们会见这些人。她们必须在宴席、舞会或其他场合中以合宜的方式与这些人友好相处。在这些聚会上，有些男人会为我们的女主人所倾倒，或至少表现得如此。这时智慧的女伴护人就要陪伴在女主人身边，小心观察每个人的神态和行为，分辨哪些人可能有这样的想法。如果她注意到了一些特殊的迹象，先不要对任何人讲，将这个秘密放在自己的心里。当聚会结束所有人都散去之后，女主人自己可能就会挑起话头：“我们今晚玩得可真开心！”谁和谁风度翩翩，谁和谁不怎么样，或如何如何。然后女伴护人可以这样回答：“我没有特别注意，但在我看来，没有人比我们的男主人更英俊更有魅力的了。比起所有的人来，我们的主人无论在什么方面都是最棒的。”

如果男主人年事已高，也无佳形美容，女伴护人可以这样说：“老实说，我几乎没有注意到任何其他的男人，除了我们的主人，和别人比起来，他看起来和他的地位多么的相称，听听他讲的话，多么的有智慧！”即便这不是事实，她总可以想到主人某些可以夸奖的地方，她不需要暴露自己的真实想法。

女伴护人要特别地观察她怀疑的那些男人是否经常出现在女主人身边，是否设法接触女主人的父母或其他熟人，以及是否特别接触女主人身边的女伴们。如果没有这些迹象，她就可以放下自己的怀疑，忘记自己所看到的。但如果果然有这样或那样的线索，她就要履行自己的职责，尽力弥补。虽然她的心里充满了忧虑，她却不要让任何人知道这件事。

但她怎样做才是对女主人最好的呢？如果确定哪个男人想赢得女主人的好感，那么在他有所表白以前（要假设他有胆量这样做），女伴护人要热情地招呼他，抓住机会认识那位男士。而那位男士一定会有回应，因为他想通过女伴护人传的话一定更有分量。不久，他就会大胆告诉女伴护人他心里的想法，还会按着当时的礼仪，许诺给女伴护人不少的好处和利益。这时候，女伴护人要做好准备，不要让女主人知道，也要让尽可能少的人知道，用以下这些话镇静地、坚定地回答那位男士：

“先生，您所告诉我的，我早已透过您的行为就知晓了，但我一直希望听到您亲口告诉我。首先，我很高兴认识您，我可以在任何人知道这个秘密之前有幸听您亲自告诉我。我更高兴有机会回答您，以下我要说的是我坚定的答案，我以我的性命向上帝和您发誓，我不会改变这个答案的。我不想长篇大论，只想简洁地告诉您这一次，也是唯一的一次，只要我还和我的女主人生活在一起，这位年轻的女士（因着她的朋友和丈夫对我的信任，虽然我不配，将这位女士拜托给我管教的）不会做出这样大错特错的事。她不会做出任何引起非议或者和她尊贵的血统不符的事。上帝帮助我，我也会阻止这样的事情。她必须保守她的贞洁，因为我很清楚地知道她的爱情是为她的丈夫存留的。她是一位良善的、有高尚道德情操的女人，绝不会和这样的外遇丑闻有染，甚至想都不该去想。如果您或任何其他人向她表白什么，或她注意到这样的迹象，她都不会原谅您，也会深深地厌恶您。”

“我真心地请求您，先生，不要再想这样的事了。我以我的基督徒的品格向您保证这实在浪费您的时间。为了让您不再有任何希望，即使女主人有什么想法（我知道她绝不会的），我也会在您们中间设立障碍，让这样不光彩的事不至于发生。相信我，不要再做这样无谓的努力了，我不允许这样的事发生。如果有必要的话，我会考虑告诉某些相关的人，他们不会为了您现在尝试要做的事感谢您的。我只有一条性命，但我宁愿失去它也不愿意看到我女主人的名誉受到任何的玷污。这件事最好以后再也不要提起，我们就谈到这儿吧。”

聪明的女伴护人这样回答了那位男士之后，不可以为任何的礼物、好处或者威胁所妥协，也不要因为任何事动摇。谈话的时候不要有愤怒的表情，离开时不要怒目相向，要始终保持镇定的表情，自信的态度，就好像在谈其他一些无关紧要的事情，没有人会因为看见他们在一起而怀疑他们所谈的内容。另外，也要小心不要把他们所谈的内容泄露给女主人或任何其他人，甚至是女主人最亲密的朋友，不要有任何的影射或暗示。也不允许哪个女仆对女主人窃窃私语。她要杜绝这样事的发生。如果看到有人这样做，她不会对此置之不理，而要警告那个女仆驱逐她出去。这样，她就可以确保没有人有机会将这件事报告给女主人知道。

如果那位男士可能仍然痴心不改，通过某种狡猾的伎俩或某些同伙的帮助，继续来拜访她们，女伴护人可能很难有效地防备。她就要仔细地看顾她的女主人。如果那位男士通过隐蔽的言语表白他的动机和倾慕之心，女伴护人也不用特别担心，因为毕竟很多淑女都曾被爱慕和追求过，但并不是所有女人都会爱上那些追求者。她要观察女主人是否也喜爱那位男士，是否经常谈到他，是否见到他的时候眼睛就会发光等等。在她们单独相处的时候，她要用巧妙的方法试探女主人的想法。然后，根据她所听到的，用以下的方式回答她的女主人。

如果年轻的女主人说那位男士的确已经表白，但那令她感到忧虑和气愤，聪慧的女伴护人要仔细、有技巧地分辨她的言语。一开始不要表达太强的意见；另一方面，她要轻描淡写地回应，表现得不是很在意的样子。另一方面，要有力地表达自己的想法。如果年轻的女主人表示不会容忍那种行为，女伴护人要开心、由衷地表示赞赏，并要告诉她走错这步会产生多么可怕的后果，和由此而来的耻辱和责备，以及男人一贯的谎言。她会建议女主人用智慧的言语回应那位男士，简单地、坚定地拒绝他，告诉他这是在浪费时间，无论他做什么也绝不会动摇她，他的言谈令她厌恶；她也不喜欢他的样子。女伴护人要告诫她无论是透过眼神、言语、微笑，还是举止，都不可令他产生任何的幻想和误解。

女伴护人要教导女主人如何优雅地拒绝那位男士。当他来拜访的时候，女主人可以告知她在休息或正忙着。连续几次以这种态度对待他，他至少可以意识到自己是在浪费时间。另外，她还要特别告诫女主人不要对任何人提起这件事，这会产生非常恶劣的影响。聪明的女人应对此保持沉默。在这种事上夸口不会给她带来什么好名声。更何况，对方不一定会给她正确的建议，反而可能会鼓励她作出错误的决定。女伴护人这些谨慎的做法最终会将整件事扼杀在摇篮里。那些因此讨厌她的人也会最终因她的行为爱戴她。年轻的女主人在意识到了她的谨慎和良善之后会益发地敬重她，因为良好的行为是最有价值的。她就是使这位年轻主母成为一位智慧、良善、有道德、具备良好品格的女性的主要原因。

26 当年轻的贵族女性想要介入一场愚蠢的风流韵事中时，女伴护人当给她的建议

这世界上有些男人和女人无论听到多少劝告和警诫，总是任凭己意一意孤行。对他们指出错误根本无济于事，只会招来憎恨和厌恶。在这里，我们要给负责管教贵族女性的女伴护人一些建议：当她们看到女主人偏离了正路，特别是陷在愚蠢的风流韵事中，又拒绝智慧正直的建议时，她们当采取什么态度。

有些贵族女性愚蠢又轻浮，不能也不知道如何、或者根本不愿意拒绝任何男士们的追求。她们的女伴护人如果观察到这些迹象，无论如何都要全力地谴责这些行为。即便遭到女主人的反感，为了她的益处也要尽力地劝诫她。女伴护人要毫不隐瞒她的忧虑，开始的时候可以私下里劝告女主人，但最后不得不大胆地严厉地警告她。如果女主人还是执迷不悟，她有必要陈明一切可怕和危险的后果。通过这样严肃的告诫，女伴护人很有可能令女主人放弃那愚蠢的念头。

但有的时候，无论女伴护人说什么都没用。她尽了全力告诫女主人一切可怕的后果，但骄傲任性的女主人不愿意再听从她的建议，她不再是那个在女伴护人管教下的小女孩了，不再虚心地接受批评，反而用无礼的话顶嘴。女伴护人知道自己已经失去了女主人的恩宠。也许有的时候还会听到这样一些无情的话：“那个讨人嫌的老家伙！巴不得早早入土我们才能得着自由。”而她

的女伴会这样回答："是啊，夫人，在她出门的地方洒上些豆子，让她摔个不得好死。"

在这种时候，女伴护人该做什么呢？她已经尽了她的职责，给女主人忠告，并请忏悔牧师告诉了女主人这样做导致的可怕后果。但她的女主人是这样的糊涂，一意孤行，不在乎任何人的意见。如果有人不在意保护自己，别人再想保护她也无济于事。宫中的人已经开始注意这位女伴护人，有很多关于她的闲话开始流传。她身边的一些年轻的女仆，她们可能正好是女主人所喜爱的，一直以来对她心存嫉妒，现在听到这些传言，很有可能会对她做出不利的举动来。

即使这位女伴护人心情极其沉重，但作为一位慎重的女人，她需要为自身的安全考虑。有一天女主人的父母或者丈夫知道了这些事，可能会责备女伴护人："为什么不早告诉我们？我们会阻止她。我们都指望着你告诉我们这些。" 但任何有良知和常识的人都不会向女主人的丈夫或朋友报告这些事情，因为这样做是非常危险的。这会使她遭到女主人或追求者的痛恨，他们不会再信任她，反而视她为眼中钉。

所以作为一位慎重的女人，她要谨慎地使用她的知识和技巧。首先，她要保持缄默，不要评论有关女主人的任何事情，不要做出任何令女主人不悦的表情或手势。一旦想到恰当的理由（自打观察到女主人的变化，她就要早为此做准备），就要以合理的理由在主人的允许下离开宫中，小心不要让主人觉察到她要离开的真正目的。如果主人还执意挽留她，她可以用一些生病或者年事已高的借口来达到辞职的目的。如果主人要查问她离开的详细原因，她可以说因为生病的缘故，不能再照顾女主人，只等到她身体痊愈之后，才能返回。

有时候女主人反而不愿看到女伴护人离去。这是因为有这样一位谨慎的女伴护人在身边，她可以更自由地做想做的事而不招致太多流言。于是她会反过来恭维女伴护人，极力劝她留下来。但明智的女伴护人知道如何聪明地推辞，她会告诉女主人真的是抱病在身，身体好一些之后就会回来。也许这样离去令人悲伤，也许女伴护人对女主人不舍，但明智的她一定不会留下来，否则将来一定会后悔。

如果女主人乐意让女伴护人离去，当她离开的时候，要私下里来到女主人面前，谦卑地行屈膝礼，对女主人赠送的礼物和头衔报以感谢；并为她过去说过的一些令女主人不悦的话请求饶恕，她要说那样做是出于对女主人的爱和关心，为了尽自己的职责。她要告诉女主人这样离开也令她难过，但她实在是年纪大了，身体也虚弱，没有办法再继续工作。也因为年纪的缘故，脾气越来越不好，和年轻人相处不是那么融洽。所以，她希望辞职，也希望得到女主人的祝福。她恳请女主人相信没有人会比她更爱女主人，更对女主人忠心了。

女主人听到这样的话，可能会对她说一些亲切的话。也可能因为从小就和女伴护人生活在一起，这个时候心情特别沉重。女主人会说对女伴护人并无怨恨之心，除了那件女伴护人反对的事，她并没有别的抱怨。女伴护人不要再和女主人争辩什么了，因为知道没有什么可以改变女主人的心意，她可以回答的确对女主人的行为有些怀疑，从而感到忧虑。但请求女主人原谅她，并保证不会向任何人吐露一丝她所怀疑的事情，只有为了女主人的好处单单地告诉女主人。这之后，她就可以离开了。

德拉图尔（Sybil de la Tour）给女公爵①的信可以达到这样的目的，下一章就以这一封信为例。任何人都可以借鉴，也可以传给更多的人看。

注解：①克里斯蒂娜的*Livre du des vrais amants*，写于1401年。

27 女伴护人写给女主人的信

女伴护人离开后，年轻的女主人可能会更加偏行己路，也会有传言损害女主人的名誉，以至于已经回到家乡的女伴护人都听到了这些传言。想到她曾经尽心尽力地教导女主人，现在看到女主人的名誉受损，心里非常难过。无论女主人是否感激她，女伴护人都要因着对女主人的爱，写这样一封信，再一次陈述那些有助于女主人的警告，因为写出来的话会让人记得更清楚，也比口述更能穿透人心。女伴护人要将以下这封信以忏悔的形式口述给牧师，再请牧师将信转交给女主人。

“我最尊敬的夫人，我急切地也

是谦卑地写给您这封信。请您不要误会，我是被对您的爱所激励，也是为了您的益处，才动笔写这封信。我清楚地知道，我现在的身份，不像您还在我的监护之下的时候适合来说什么。但我认为不及时提醒您，对此保持沉默是错的。所以，我亲爱的夫人，我写给您以下这封信，再次请求您不要对我有任何的误会，请相信我对您的爱，以及保护您名誉的急切心情。

“夫人，我已经听到了关于您的一些传言，心里非常忧虑。我很担心您的尊严会受到伤害。正像所有出身名门、受到良好教育的淑女一样，我相信她要在谨慎、道德标准、行为和仪态上高过其他的女人，这样才能成为众人的榜样，使人效法她的行为。这位淑女要虔诚地敬拜上帝，举止大方自信，适当的娱乐，不要大笑，也不要无故地傻笑；态度端庄，表情谦卑，姿态得体。她要对每个人和蔼亲切地讲话；衣着手势要得体，但不要太繁复；对陌生人讲话的时候，要有威严，适度地表示欢迎，但不要表现得太亲切，认真地倾听别人讲话，不要东张西望。永远不要对人吝啬、残忍、轻蔑，也不要对女伴们太过苛刻。她要让人觉得亲切，而不是高不可攀，在赠送礼物的时候要大方也要合乎情理。她可以分辨最好的仆人，最勇敢和良善的护卫，也要根据他们的功绩赏赐他们。她不听信谗言，在看清楚谄媚者的面目之后，要毫不犹豫地辞去他们的职位。她不会轻易相信传言，也不会传播闲话；不会和人窃窃私语，让人误以为她和这人的关系好过和其他人的关系。也不要在公众场合和别人说暗语，别的人会怀疑你们之间有什么不正当的关系。她不应该总把自己关在房间里，不要太离群索居，也不要太经常在公共场合露面，而是要有时有缓地在某些特定的时候懂得回避。

“我清楚您一直以来都是严格地遵守着这样的教诲，但现在，我听说您最近的行为有很大的改变。比您过去更爱讲话和说笑，要知道，这很容易让人产生误解。态度改变，心也会跟着改变。现在，我劝您离开那些您经常与之窃窃私语，或说暗语，好像你们关系特别要好的那些人，因为这正是您其他仆人对您产生意见、怀疑您恋爱了的主要原因。

“哦我最尊贵的夫人，千万要小心。上帝把您摆在高位上，请不要为了虚空的享乐忘记了您的灵魂和名誉。不要相信那些虚荣，很多年轻的女人常常以为只要没有什么不道德的事发生，爱情没什么不对的。[①]她们以为一个女人有了爱情会变得更加快乐，男人会变得更加勇猛，甚至为后世留名。但夫人，事实却截然相反。以上帝的爱的名义，不要自欺，也不要让别人的谎言蒙蔽了您。看看当世那些出身高贵的女性们，仅仅因为被怀疑，还没有事实被证明之前，就失去了她们的名誉甚至生命，她们的孩子是无辜的，却因此受到牵连。对于任何一个女人（无论贫穷还是富有），这样愚蠢的恋爱都是不名誉的，对于一位公主和贵族来说就更是如此，地位越高，损害越大。这是因为每个人都知道公主的名字，如果有任何不好的名声，这比任何一个普通的女人都要影响深远。另一个原因是他们的子女是要在将来统治土地统领人民的。如果有任何关于他们血统的传言和怀疑，都会造成很大的伤害。

“我们假设您并没有做出什么越界的举动，但那些听到传言的人却不一定相信。出于明显的恶意，或是由于年幼无知，诽谤的舌头会添油加醋，生出您并没有做甚至没有想过的事。这样的话一传十、十传百，只会流传越来越广。所以每个尊贵的夫人要比任何一般的女人更加注意自己的言行、举止。在公共场合，人们会特别观察她的一举一动，听她的一言一语，记住她每一个表情，然后在各种不同的场合成为谈话的资料。当一个淑女变得比以往活泼、快乐，总是爱听别人讲一些恋爱故事，然后情绪突然改变，脾气坏了，动不动吵架，没有人令她满意，她也不再注意自己的衣着和仪表，这样，人们当然会说她以前是在恋爱中，现在失恋了。

“亲爱的夫人，您不认为这对一位尊贵的夫人、甚至对任何一位女人都是不妥当的吗？这不是淑女们应有的态度，无论她心里的想法是什么，她都应该注意行为和态度，不让人产生这样的怀疑和猜测。当然，这对陷在爱情中的女子是很难做到的。这样说来，最安全的做法就是让自己远离这些试探。无论是尊贵的夫人，还是一般的女孩子，好的名誉比世上任何的财宝都珍贵，因为它可以让女人真的闪亮起来，而且总也不会丢失它。我猜想那些吸引女孩子们陷入爱情、追求快乐的谎言应该这样说：‘您正年轻，快乐最重要。爱情无罪，爱情会使一个男人更加勇猛。没有人会知道你们之间的事，而你不但会生活得更快乐，还得到了一位忠实的仆人和朋友。’”

“我的夫人，不要听信这些谎言！说到快乐，您要知道爱情带给人更多的是痛苦、悲哀和危险（特别是对女孩子来说）。②爱情带来各种各样的痛苦：害怕失去荣誉，害怕被发现，这都是代价。至于说因为没有具体的行动所以就不算罪，夫人，没有任何男人或女人可以如此确定可以保持精神恋爱，或者事情不泄漏。没有生火不冒烟的，但有时候烟却不是从火来的。③对于让男人更加勇猛这样的说法，我想说牺牲自己去成就别人是极其愚蠢的一件事。

让我们假设这个男人的确因此变得更像个男人了，而这个女人却毁坏了她自己，成就了别人，还令自己蒙羞，这值得吗？还有‘得到忠心的朋友和仆人’这样的说法，这种朋友对您有什么益处呢？如果您遇到什么难处，他永远不会为您出面，这种仆人又有什么用呢？有些男人总说他们可以为您做这个做那个，但他们最终只会为了自己的荣誉和益处出头。我的夫人，可能您还想为自己这样开脱：我嫁给现在的丈夫很不幸，他对我并不忠心，也没给我带来什么快乐。所以只要不做出真正越轨的事，我完全可以在一些男人身上寻找快乐，从而忘记我的忧伤。但是，这样的借口是没有价值的。想报复邻居却烧掉自己家的房子是多么的愚蠢！如果您有这样一位丈夫，您可以耐心地忍耐，而不是找一些折衷的法子，您的名誉会加倍地得到人们的称赞。

“至于说寻找快乐，如果她真的希望，总能找到合宜的娱乐方式，而不必让自己陷入在这样令人忧郁的爱情游戏中。对于有子女的淑女来说，没有什么比看着自己的孩子成长、给他们良好的教养更可喜的事了？有什么比给自己的女儿树立美好的榜样、帮助她健康地长大给人带来更多的快乐呢？是啊，一位不懂得审慎的母亲如何为女儿、为还没有子女的妇女树立榜样呢？这对任何高贵的淑女来说都不是件荣耀的事。每天早晨祷告之后，这位淑女应该做一些有意义的工作来避免虚度光阴：她可以练习织布或者绣花，这些工作都有使用价值，也可以使她避免一些无聊的想法。我们不是说淑女不能娱乐、嬉笑和玩耍，即便是在一些公爵和绅士在场的时候，只要她能保持端庄、安详的态度，每一个微笑、每一句对答都恰如其分，点到为止。她必须时刻警惕，没有一句话、一个表情让人看起来是不妥的。哦亲爱的上帝，如果所有高贵的淑女（事实上所有的女性）都知道好的礼仪是多么的重要，她们会花更多的精力在这上面。

“最后，我最尊敬的女士，让我们再来看看这种爱情游戏会带给您的数不尽的危险。首先也是最大的一个危险就是得罪神。其次，如果她的丈夫或父母知道这件事，这女人必会大大的蒙羞，再也不能恢复她先前的名誉。还有，这些情人们口口声声彼此忠诚、真正相待，却没有什么人可以做到。相反的，他们中的很多人都是虚情假意。为了赢得芳心，男人们可以说一些他们从没想也不预备去做的承诺。无一例外的，这爱情的热度不会持久。哦亲爱的夫人，请想象一下当这样的恋爱结束时，这位女士是何等羞愧和后悔，她何等希望当初只是和那个人擦肩而过，什么也没有发生过，现在也没有那么多人责怪她。您可能永远也无法知道她心里是多么的痛悔。另外，让自己受制于那些男人的舌头也是愚蠢的，因为虽然他们曾经发誓保密，到最后却不能管住自己的嘴巴。这样的恋爱通常会以女人独自面对流言和谴责告终，至少她们被恐惧和害怕所捆绑。而那些曾经信誓旦旦的男人却以这些事在人前夸夸而谈。就这样，您放弃了您的自由，成了爱情的奴隶。这就是您想要的忠心的‘仆人’吗？如果对这些‘仆人’来说，最大的光荣就是赢得一位高贵的淑女的爱情，他们还会对此保持沉默吗？上帝知道他们是如何撒谎的！您一定要明白这一切，更需要保护您自己。

“另外，您认为您的手下人会守口如瓶吗？他们每一个人都希望在人前显明和您有更亲近的关系。即便他们不当众宣告你的秘密，也会以更隐秘的手段加倍地让人们注意到这个秘密。这位淑女是多么地屈从于她的仆人，既不敢责备也不敢命令他们。让我们假设她看到仆人们举止粗鲁，她却不敢说什么。如果她对一个仆人感到愤怒，想要辞掉她，谁知道那些秘密会不会被泄露出来，传扬在各个不同的地方。这些仆人经常在恋爱故事中扮演中间人的角色，他们殷勤地促成这样的事，就是为了给自己赢得足够的好处和高升的机会。

“最尊敬的夫人，我们可以数算这种爱情冒险带来的一切的危险和罪恶，请您不要让自己陷入在这样的困境中。如果您曾经动过一点念头，在更大的不幸发生之前请立即放弃这念头，越早越好，晚比什么都不做好。④现在您可以看到如果您继续现在的道路，会有什么样的流言蜚语。我不知道还要对您再说些什么，只有全心地请求您不要对我的劝告发怒，请理解驱使我这样做的好心，我只是想尽我的职责劝告您，也许这会令您生气，遇事不能起到劝告的目的。但我为您向上帝祷告，愿您一生幸福长寿。”

注解:①克里斯蒂娜强烈反对宫廷里的风流韵事，或者说礼节爱情（courtly love）。她以为这是让男人占便宜，以甜蜜的光泽掩盖罪恶的情欲（辩护者可能会说这反而可以控制或引导不合法的情感，减少破坏）。12世纪时宫廷中的风流韵事变得很流行，这是对于上层社会婚姻状况的一种回应。那时的婚姻与爱情无关，更多的是家庭国家的联姻。礼节爱情是一种婚姻之外的爱情游戏，首先由12世纪的Andreas Capellanus打头，他为了得到一位女士的爱

情而哭泣、受苦，为伊消得人憔悴，那位女士一开始保持清高，后来逐渐为之心动。这种游戏必须是秘密的，特别要对女士的丈夫保密。

在当时的封建制度下，男人向女人起誓就好像向国王宣誓效忠一样，承诺要为了她赴汤蹈火。在这一场你来我往的游戏中，最后的输家是女人。这个游戏虽然以女人的情绪和吸引力为赌注，游戏的玩家却是男人。男人只是把它当做消遣，而女人却要承担现实中的后果，通奸、不名誉和私生子有时会让女人被判死刑。她的情人有时也会受到这样的报应。

1314年，法国宫廷内的“国王儿媳的丑闻”引起很大反响。国王菲利普有三个儿子，分别是路易、查尔斯和菲利普，他们后来都当上了法国国王。路易和查尔斯的太太分别是玛格利特和布兰奇，她们在国王的护卫从中有两个情人是d’Aunay兄弟，当他们被抓住的时候，两兄弟被活活剥皮致死，其生殖器用来喂狗。两个女人活下来，但被剃头，永远地锁在了城堡中。布兰奇离开城堡，成为一名修女，死于1325年。玛格利特被关在一个暴露在严酷自然条件下的房间里，1315年死于恶劣天气的影响。菲利普的太太，布兰奇的姐姐，受丑闻牵连被驱逐到修道院中，但后来重新回到宫廷。对这丑闻严厉地惩罚反映了王室后嗣合法性的重要。

D’Aunay兄弟以为自己遵循了游戏的规则，但丈夫们却显然不这样想。克里斯蒂娜没有夸张后果的严重性，她的教导非常实用。也许这对兄弟应该采纳在宫廷中的一个规矩，那就是追求某人的妻子之前先征求丈夫的同意。

在克里斯蒂娜的年代，这种爱情游戏已经臭名昭著，但与英国连年的战争使得骑士精神再度复燃。《玫瑰传奇》再次复兴了那种突破万难追求女人的理想。

这种恋爱游戏是男人间的信心游戏，赌注是女人，克里斯蒂娜的分析非常有价值，因为现在的很多信息都来自男性作家的笔下。

②来自谚语“为了一时的高兴，你必须付上一千倍的痛苦”。在不同版本中，痛苦的数量从四倍到千倍不等，但意思是非常明确的。

③这是当时流行的谚语，源于中世纪，和现在的说法相对照。

④克里斯蒂娜时代的谚语。

第二部分

1 本书的第二部分写给女士和小姐们，首先是那些与公主或皇后一同生活的女性。第一章将简单回顾一下我们理性、正直、正义三女神在之前所作出的教导

在我们针对皇后、公主和贵族夫人就灵魂和品格的问题作出教诲，从而让她们的品性与身份相称之后，我们要在这第二部分转向普通贵族女性，包括居住在公主和皇后的宫中、担任某些职务的，以及生活在自己领土内的城堡、庄园和护城墙包围的城镇中的女性。

首先，我们想声明虽然在针对灵魂、道德和礼仪方面，贵族女性以及所有女性的教诲都与对皇后和公主的是一样的，但我们并不准备重复之前所讲的，那不仅是多余的，也会让读者感到枯燥。每个女人可以从中学到她认为对自己的灵魂和品格有益的部分。对于一般的女性来说，知道爱和敬畏上帝同样是最重要的事，这件事提醒她们是上帝在祝福她们，也是上帝赐给她们宝贵的灵魂。这灵魂的主人只要稍加努力，就可以永远地拥有天国的福分。认识上帝并因此分辨对与错并非无足轻重。淑女们理应爱上帝，在他的诫命中，第一条就是“你要全心、全人、全意地爱主你的神。”[1]淑女们也要敬畏上帝，因着上帝公义的审判，那些偏离正路的都要因此受警戒。这种对上帝的爱和敬畏之心会保护淑女们远离恶行，[2]教导她们行为正直，以谦卑取代骄傲，以善行代替

贪婪，禁止愤怒，培养长久忍耐的品德；它会除去她们眼中的嫉妒，给她们对邻舍真正的爱心。爱和敬畏上帝会警戒游手好闲的人，督促人们认真勤奋地度日。它使人憎恶奢华，爱慕节俭。它培养一切对灵魂有益的美德，除去那些伤害灵魂的罪恶。另外，淑女们还当在世俗的事务上审慎，根据自己财产多少合理地管理生活，并要爱慕荣誉和上帝的祝福。基于此，我们开始以下的教导。

注解：①《马太福音》22：37。

②七种致死的罪是：骄傲、贪婪、贪吃、好色、嫉妒、懒惰、愤怒。

2 两点建议和两方面的避免。首先一点：宫中的淑女们如何爱护她们的女主人

我们三姐妹——上帝的女儿——理性、正直和正义女神，再次要开口讲话。首先我们要对服侍公主和皇后、住在宫中的女性们说话，我们之前的教导对您的灵魂和品性的建造都会有很大的助益，但在此之上我们还有四个告诫：也就是两个建议和两个避免。为了您灵魂的益处和在世上的名誉，请您务必采纳这些建议。

第一点，您应该像爱您自己一样全心地爱您的女主人，也就是您所要服侍的人。第二点，你必须注意在一切言行举止上和男人保持距离。我们马上就会讲到这后面的理由。至于其他的美德，因为我们已经谈到如何在公主的管理下守秩序，在穿衣上要朴素，不要华冠艳服，而要得体大方；以及如何态度沉着，在言行上有礼有节，所以我们这里不再赘述。

宫中的女人（或者侍女）应该全心地爱她的女主人（无论女主人本身善良还是邪恶），不然的话她的行为必要受到谴责。这也同样适用于所有依靠别人的薪水俸禄维生的佣人们。你可能会问：“如果我的主人为人恶毒或她以恶劣的态度对待我，我还应该爱她吗？”

我们的回答是：“当然。”如果事实果真如此，你可以选择离开她。如果你不能很好地履行职责，也不愿爱你的主人或以忠心对她，你可以辞职。否则，即便主人有什么疏漏，只要你在那里工作一天，就不要对自己

的工作掉以轻心。你必须要明白不能履行一个仆人的职责是要被谴责的。那么对主人的爱应该是怎样的呢？这爱要能够激励着她对主人的信心和忠心。

怎样在任何情况下都忠心呢？首先要非常爱惜女主人的灵魂。这样才会小心地守护着她，鼓励她行为正直，远离恶事。侍女们要行善，却不要吸引公众的注意。不要向主人传播流言，这对主人的灵魂没有任何的好处。不要诽谤别人的名，也不要编造任何的谎言，这些都会搅扰主人的心。另外，为了主人的益处，要让她尽可能地避免和不体面的人交往。最重要的，就是要维护女主人的名誉，越是主人不在场的时候，越要在言行上维护她的声誉。

不要像有的仆人那样为了讨主人的欢心去阿谀奉承。这不讨上帝的喜悦，《圣经》也清楚地谴责这样的行为。为了避免不必要的误会，我们要来解释一下忠心的仆人和阿谀奉承者之间的区别。忠心的仆人尽心地服侍，忠诚地维护主人的荣誉和利益；她非常小心地取悦主人，在所有合情合理以及高尚的事上服侍她。在尽责和取悦主人的事上同样忠心。主人生病或悲哀的时候，她与之同悲，如同为自己的不幸悲哀一样；当主人开心的时候，她也与之同喜，主人不在的时候更是如此。听到任何不利于主人的传言，她都会主动地为主人澄清。她以一颗良善的心做这些事，这不是奉承，而是仆人对主人真实的爱心和忠心的体现。

阿谀奉承者的行为是这样的：她就算知道主人偏离正路，做不利于她灵魂得救和维护名誉的事，她仍然支持主人，她的建议使主人更加陷在罪中；她用话语和行为鼓动罪恶；当她听到主人讲别人的坏话，或有任何的偏见的时候，她说：“我的夫人（或者我的主人），您无比正确！”她让主人感到自己超过众人之上，可以任意而为，可以做任何违背良心的事。如果你做了以上这些或者类似的事，你就是一个阿谀奉承的仆人，你让自己陷在罪中。你也是使主人犯罪的罪魁祸首。上帝知道有多少仆人这样欺骗他们年少的主人。为了取悦主人，这些仆人不但支持主人犯罪，还亲自寻找各种途径引诱主人做错事。他们绝不是忠心的仆人，他们是背信弃义的恶仆。那些被引诱偏离正路的年轻主人们那样盲目，根本不能分辨发生在他们身上的事。教会的一位著名学者说得一点也没错：奉承者用他的奉承在主人的眼中钉了根钉子，用奉承使主人变得盲目。

回到我们刚才讨论的话题上，你可能会问："如果女主人想偷情，她的侍女不是要因着忠诚支持这种行为，并保守这个秘密吗？"可能还有人不认为这么想是错误的："我必须保护女主人的名声，隐瞒这件事情。她如果不把这个想法告诉我，一定会告诉别人，而那个人一定不会像我这样保密的。"这个问题的答案是，这样做绝对是错误的。容让或支持主人犯罪，就等于自己犯罪，也等于罪恶的同谋者。虽然你说是为了保护主人的名誉，但如果你鉴查自己的内心，你会发现那里有其他的动机。你是否想讨好主人？你是否希望在物质上得到一些利益？但无论什么动机指使你那么做，那都是错的，好像是瞎子领瞎子，你们两个人都要掉在坑里。①

明智、善良的仆人应该这么做，因为你的女主人这样信任你以至于将如此隐秘的事告诉你，你可以这样回答："夫人，我感谢您对我的信任，告诉我您最私隐的秘密，如果您不相信我的话，您也不会告诉我。请放心，您的秘密在我这里是安全的，对此您不需要有一丝一毫的怀疑，我发誓对您忠诚，只要我活着一天，这秘密就不会因为我而传出去。但是，这件事令我深深地忧虑，因为它只能使您的灵魂陷入罪恶，对您的身心造成极大的损伤，并让您的名誉蒙羞。如果我不能劝说您放弃这个念头，我也不可能为您再做别的什么了。（请允许我这么说）即便您会因此而痛恨我或开除我，我也要确保我灵魂和良心的清洁。我宁愿您因我做了正确的事而恨我，也不愿为了得到您的垂青而鼓励您铸下大错。我宁愿死也不愿看到您偏离正路。我愿意为您效劳，听从您的吩咐，但在这种情况下，我不愿鼓励世上的任何人犯下这样的错误。”

忠心的仆人要这样回答主人。明智的仆人不会像有的人那样到处吹牛说：“主人求我做这样或那样的事，但我拒绝了她。我宁愿她受到惩罚。”对这样的事最好保持沉默，这才是一位忠心良善的侍女理应为她们的女主人所做的。

接下来，我们要教导你什么才是正确的行为。良善的仆人愿意为主人出面抵挡危险，像保护自己的孩子一样保护女主人。比如，一位机警的仆人曾经为了免于女主人在某个场合受到羞辱，及时地赶到附近的一个谷仓，点着了火，于是大家都跑了过去，女主人便趁机脱身。另一个女仆发现女主人因为未婚怀孕羞愧得想要自杀，女仆安慰了主人，劝说她放弃了这样可怕的念头，然后假装是自己怀孕，当孩子降生的时候，就说成是她自己的。这样既救了女主人的性命，也保护了女主人的名誉。为了挽救一个绝望中的灵魂，这样做并没有错，这反而是一个极其怜悯善良的行为。每个人都当怜悯罪人，因为上帝不喜悦恶人灭亡，他希望人人悔改而存活。一个人曾经陷入罪中，但之后可以重新站立起来行走在正直的路上。任何仆人不得出于友爱或其他任何原因成为主人的帮凶，因为服从人，却不服从上帝是错误的。

注解：①《马太福音》15：14，《路加福音》6：39。

3 宫中女性应该遵循的第二点建议：尽量避免与男人发展太多的友谊

宫中的女性无论什么级别，都当戒备和男人过多地交往。我们必须要让您知道这背后的原因，很多宫中的女性都认为自己比其他女人更适宜与男人交际，但她们是在欺骗自己，这主要有以下两个原因：

第一个原因是宫中的女人比其他的女人更有必要维护自己的名誉，因为她们的名誉反映了她们女主人的名誉，她们的善良或邪恶，女主人要因此受称赞或被责备（这在本书的第一部分多次提到过）。仆人身上的瑕疵会对女主人的名誉造成损害，人们会说："有这样的主人，就有这样的仆人。"所以，宫中的女人理应加倍地小心。

说到这点，无论宫里宫外的女性，如果和很多男人交往过于频繁，即便她们不认为那有什么错，或者只是为了找乐子，也很难保证不被人在背后议论。可能是一些心存嫉妒的陌生人，也或者就是那些和她们交往的男人们会说这样那样的闲话。那些经常拜访你的男人很可能企图引诱你，当人们看到一些男人经常出入女人的住所，他们很快地就会编造出谎言来。而那些男人也会在那些女人背后笑话她们。在女人面前的时候，他们总是风度翩翩，态度高雅。接下来，这些流言和笑话就会在城镇中传开，在小酒馆里或其他场合，每个人都在其上添枝加叶。即便你什么都没做过，只是因为你不顾后果的一时头脑发热，就会为自己招致很多不必要的谴责。因此，我们希望所有的宫中女性（甚至所有的女人）都意识到她们这些所谓的忠心的男朋友们在她们背后怎么谈论她们。我们有足够的理由使淑女们放弃这些友谊，少一些乐子总比增添许多流言和烦恼要好。她们看到这些男人面带微笑，许诺为她们效力，以至于牺牲自己的性命，可能实在不敢相信这样的背叛。“但是，”你可能会问，“为了我的名誉，和每一个男人友好相处不是比和单单一两个男人交往要好一些？否则人们会说，只有谁和谁经常拜访你，你对这些男人特别垂青。”

我们毫不犹豫地回答您这两种行为都不可取。几个男人同时拜访一位淑女显然是错的，人们看到一个、两个或者三个男人经常拜访这位淑女并因此产生怀疑也是错的。

“但是，”你可能会说：“难道宫中的女人需要如此顺服，有男人在场的时候连正眼都不敢抬？”我们的回答是，虽然这样的确不甚令人愉快，但如果顺服能避免更大的罪，就是值得的。就好比缰绳勒住马，虽然让马很不舒服，却能避免它在深坑中绊倒。至于说正常的交际活动，只要是在合适的时间和地点，与体面的令人尊敬的人交往，行为举止都端庄优雅，我们并不阻止这样的行为。我们并非说在法国或其他地方的宫廷中，皇后或公主在接待王子、骑士或侍从时，宫中的女人要冷若冰霜，这也是不合宜的。我们的警告只是针对和那些胆大放肆的男人交往，他们并没有什么特别的原因造访宫廷，无非是想在女人的住所中流连。我们希望这些教导不要使任何人难堪，没有人生病的时候会因为大夫告诉她应该如何治疗而生气，同样如果一位淑女珍惜名誉，她会听从我们的教导。

另外，一切爱惜名誉的女人（包括宫中的女人）应该明白：一样东西越稀有，就越被看为宝贵和重要。正因如此，每一个可敬的、智慧的女性理应拥有这样的价值，被视为高贵，得到一切的荣耀和尊敬。如果她希望成为这样的女人，对男人太过大方就是不合适的。她越在男人们面前珍惜自己，就越能得到人们的尊敬和爱戴。没有什么比那些稀有而美好的事物更令人渴慕和追求的了。所以，我们对尊敬的夫人们说，不要和男人们调情，不要话语轻浮，交往太多男性朋友对您有害无益。

4 第三点，也就是要避免的第一方面：避免风行于宫廷中的嫉妒风气

现在我们要谈到另外两点，这不仅是宫中的女人，更是所有珍惜名誉的女人，都应该特意避免的事情。虽然这两种恶习普遍存在于女人中间（宫廷中比其他地方更盛），它们会衍生出其他许多的罪来。要避免的首要一点，最可怜的、也是被上帝所痛恨着的一种恶习就是嫉妒。第二种恶习是诽谤。我们先来讨论第一个，然后是第二个。

为了您的益处，我们教导您如何行为正直、弥补良心的亏欠。首先，要了解嫉妒的本质，我们需要明白嫉妒的起因和根源。嫉妒毋庸置疑地根源于心中的骄傲。那些不警醒的心，看不到自己的脆弱和渺小，于是骄傲生出嫉妒来。骄傲将自大和无知放在他们心里，让他们忘记了自己本是出于尘土，本是罪大恶极。他们以为自己配得这些荣耀和财富。这些谎言使他们每个人都想尽力地超过自己的邻舍，不是在品德上而是在地位、名气和财富上比人家强。如果他自己得不到，又看到别人得到更多，或职位更高，心里就生出强烈的嫉妒来。宫廷是世俗中等级差异最显著的地方，因而也就成了嫉妒最盛行的地方，因为宫廷中的人总想得到更多的财富和尊贵。

对于宫廷中的女人来说，她们待在宫中可能是因为工作的需要或者服侍公主和皇后的缘故。她们需要用智慧和理性来保守自己的心，不要让这可怕的嫉妒进到她们里面，因为这嫉妒将最终毁坏一个人的灵魂、消耗她的意志、磨损她的心灵。

5 淑女如何能避免邪恶的嫉妒

一位淑女如何能避开嫉妒的毒箭侵袭她的心灵？智慧良善的女人或任何居住在宫廷中的人都要竭力避免那些可能会导致心生嫉妒的环境。无论一个侍女的级别有多高，如果她注意到女主人更加欣赏其他人，或向另一个侍女倾吐心事，或更喜欢那个人陪伴自己，她不要因此心生不安，更不要让嫉妒的毒箭辖制她。

在这种情况下，邪恶的嫉妒好像刺一样在她的心中滋生，驱使她这样说："我的主人怎么可能更欣赏那个人超过我呢？怎么更喜欢和她在一起，还把自己的秘密告诉她？我不是她的亲戚吗？我不是比那个人血统更纯正吗？她怎么会比我更合适那个职位？我不是更审慎、更有美德、更适合做她的倾听者吗？这样一个出身低微、什么也不懂、什么也没做过的人爬到这么高的位置，在别人面前这么表现自己是合适的吗？我的夫人怎么可以提拔她、欢迎她、赐给她这些美好的衣物、给她这样高的职位？她在这么短的时间里就得到晋升，然而我从小就生活在这里了！这怎么可能？一定有什么原因。我要给她设置障碍，把她从这位置上拽下来。我知道该怎么做。我知道她的一些秘密。即便我什么也不知道，我也要编造出这样的故事，或者在之上添油加醋。她知道怎么在人前表现自己，她简直是在愚弄女主人。但我要在她的脚前设置牵绊，不管后果如何，不管我要花多少的心思！我不能再忍下去了！现在她要夺取我的地位，夫人竟允许这样的事情发生，还鼓励她这样做!但她是不会成功的！”

这些都是嫉妒擅长的谎言。但是之后，在理性和公正的良心的劝说下，明智的淑女可以拒绝这些谎言。她会重新找回自我，告诉自己：“噢，愚蠢的人啊，你在想些什么？你所关心的都是些多么邪恶的事情。你在一切的事上忠心，即便得不到相应的回报又如何呢？唯有上帝是公义的，是唯一的裁判，他鉴查人的心，没有什么能在他的面前隐藏，他清楚地知道你所付出的一切，不会失信于你。你应该单单地在他里面有盼望，《圣经》告诉我们任何人依靠君王和世人的都注定失败。[①]如果看到别人比你更富有或者更加幸运，要知道这个今生只是一段旅程，好像一场朝圣，[②]你有什么好抱怨的呢？你能阻止君王和夫人们按着自己的意愿对待下属吗？如果他们对某个人更有好感，对你有什么不公平吗？没有。我们的主耶稣告诉我们这样一个寓言，[③]在葡萄园中工作的工人，有的一早就来工作，有的中午的时候来，有的甚至傍晚的时候才来工作，但葡萄园的主人给他们所有人一样的工资。早上来的工人强烈地反对。主人回答他们说：“朋友，我不亏负你，你与我讲定的不是这么多吗？我给那后来的和给你一样，这是我愿意的。你没理由抱怨。”

同样的，你没有理由抱怨你的主人在别的地方对别人施恩，这丝毫不关你的事。另外，也许你自己并不知道自己的缺点，但你的主人知道。她可能觉得那个人比你更加审慎、娴熟，更加有修养，所以才会垂青她。如果你认真地审查自己的良心和行为，会发现你什么时候说了或做了不该说或做的事情，让主人不高兴，才会导致这样的结果。如果换作其他的主人，可能早将你辞退了，所以你并没有理由生气。你太过自满和骄傲，以为没有什么能影响你的地位。然而你要因着你所得的而知足，不要发怨言。另外，你知道这受到垂青的仆人在上帝眼中做了什么了不起的事了吗？也许对你而言无足轻重，但上帝正因如此才奖赏她的呢？要知道上帝的道路是隐蔽的。④就因为眼见的事情就发论断是不妥的。所以，不要给别人的路上设置障碍，而要关心你自己的灵魂，在自己的职责上尽心，上帝会鉴查的。

服侍这位全知全善和全能的上帝是一件美好的事，不要向他犯罪，也不要因为嫉妒在话语或行为上伤害别人，即便那人配得，你这样也是在伤害自己，因为上帝不要人为自己复仇。⑤为了你的那些邪恶的念头祈求神的原谅，不要在意谁在前在后，谁得到垂青谁没有，你自己的价值不会因为这些有丝毫的改变。另外，别人看到你这样优雅地处理这些事情，不发怨言，不怀恨，都会因此尊敬和爱戴你。一方面，你希望维护自己的地位，不希望排挤任何人；但另一方面，你需要做得优雅。但要谨慎的是，不要违背自己的良心，不要给别人带来麻烦，否则罪恶就会伏在你的门前。

这就是宫中的女人如何对付嫉妒的毒箭的方法。一位智者就所有人都应该逃离嫉妒时这样说："我不知道为什么有理性的人类不首先消除这嫉妒的罪，其他的罪在你犯罪的时候都会给你快乐，好像自负或骄傲、喜爱虚名、贪吃、奸淫或身体上的享受。虽然这些快乐对灵魂是有害的，却可以引诱人爱慕它们。唯独嫉妒，一点不能给人带来快乐，只能带来心灵的创伤和搅乱，使人面目悲伤，灵魂在痛苦中被撕扯，并滋生其他的罪。简而言之，嫉妒可以滋生所有一切的邪恶和罪。而这嫉妒不能给它的主人带来任何的益处。嫉妒带来苦毒。”另一个智者这样说，“嫉妒的人眼睛睁得大大的，看到世界上别人享有的财产和喜乐，这些最后却成为他的折磨。”

注解：①《诗篇》146：3。

②生命经常被比作一场朝圣的旅途。在12世纪，朝圣者常被用作隐喻。克里斯蒂娜的老师经常使用这一比喻。

③《马太福音》20：1-16。

④参见《罗马书》11：33。

⑤参见《罗马书》12：19。

6 第四点，要避免的第二方面：如何避免诽谤。诽谤的起因和场合是什么

我们现在要谈到宫中的女人和其他一切的女人当警惕的第二种恶习——诽谤。为了清楚明了，我们主要从以下三方面谈论诽谤的动机，这在宫中是非常普遍的。

第一个是憎恨，第二个是偏见，第三个是嫉妒。这三种动机都是邪恶的，但从嫉妒而来的是最不可饶恕的。应当尽力避免这种情形，因为诽谤绝不是值得称赞的事，这是被严格禁止的恶习，它违背了上帝的两大诫命，一是“你想让别人如何待你，就要如何待别人”，另一个是“爱你的邻舍”。在我们要讨论这些动机的时候，我们也要教导淑女们如何保守自己远离这罪恶。

首先，我们要讨论的第一个动机是憎恨。我们要陈述四个理由来让你了解为什么一个人，无论他受到何等样的伤害，都不应当因为憎恨而诽谤另一个人。除非别人对我们造成伤害，或者我们以为如此，否则我们不会轻易地去恨一个人。被伤害的一方常常会被仇恨驱使着去诽谤那个造成伤害的人。这在宫中非常普遍。一位侍女发现有人为了让她丢掉饭碗，故意伤害她，破坏她和主人或友人之间的关系。这位侍女可能马上就要失去她的职位了，同时失去的还包括她的生计和地位，还有因为被指控的而遭到损害的名誉。就算那些指控是有根据的，她也会憎恨那些作出指责的人。结果，她在心里积蓄苦毒，无论在私下还是公共场合，极力寻找机会诋毁

她所痛恨的那个人。因为憎恨所以诽谤可能对有些人看起来是公平的，但事实并非如此。

首先，上帝明白无误地命令你要爱你的敌人，并以善报恶。① 违背上帝的律法是可憎的，勒住自己的舌头对人最有益处。否则，诽谤会令人陷在更大的困境中。第二个原因是：那些诽谤别人的人也破坏了自己的名誉。有智慧的人从不会诽谤自己的敌人，因为别人会以为他用这些话来报复伤害他的人。只有没有能力、心灵软弱的人才会用这种方式复仇，真正的智者很少用的。第三个原因是，人们通常倾向于不相信你对你所恨的人所作出的指责。他们会说，这些话是出于仇恨，是不可信的。第四个原因是那些伤害你的人会因为那些诽谤加倍地做出可怕的事情来。这会增加伤害的程度，造成更加恶劣的后果。俗话说：受伤一次总好过伤上加伤。

总之，诽谤这件事就好像一个人对天宣战，弯弓搭箭射向天空，箭却掉下来伤害了他自己。同样的，一个人报复他的敌人所作出的诽谤也会反过来伤害他自己的灵魂和荣誉。

注解：①《马太福音》5：44和《路加福音》6：27。

7 同样的，宫中的女人应当避免说主人的坏话

诽谤的第二个动机是在特定情况下形成的偏见：因为一个人一时表现不好，于是你在不了解事实的情况下（甚至可能与事实相反），没有根据地下论断然后在大庭广众之下诽谤他。这种情形非常普遍。不了解实情常常使一个人心中产生偏见。诽谤者存在于每一个宫廷中。因为心中的偏见，诽谤者不放过任何一个人，包括他的主人。所以在谈到这个恶习时，我们特别要提到，说别人的坏话，特别是诽谤那些供应给他职位和薪水的人，是多么严重的罪。在很多宫廷中，很多仆人看到或以为自己看到主人做了什么错事，他们就会因着一直以来存在的偏见夸大其词，说主人做了什么什么事，而他们其实只是怀疑而已。

我们特别要对女人们说（对男人也普遍适用）：很多国家宫廷里等级严密，当一个侍女看到女主人和某个人轻声细语几句，或表现得好像很亲密，或仅仅出于年轻和无知而嬉笑，她马上就作出负面的论断来。女主人穿得漂亮一点，也会使这些好诽谤者猜疑。甚至有的时候是根本没有什么原因的，她们也会对主人产生偏见。她们倒不会因为这种偏见真的冒犯主人，毕竟是主人供应她们食物、居所和薪水。她们仍会尊敬地行屈膝礼，一个膝盖着地，深深地鞠躬，口中说着奉承的话，然而同时，她们不会乖乖地管住自己的嘴巴。她们分享着对

主人的猜疑，编造着那些想当然的丑闻。总而言之，这些仆人就像在一群羊中有一只羊得了病，把整个羊群都传染上了。她们花了很多心机确保主人们不会听到一丝风声。只要主人不知道，一切都好。她们甚至口头上表示同意或支持主人的做法，告诉她这样做真是太正确了。而在主人背后，她们会嘲笑她，用想象出的细节在主人的故事上添枝加叶。可能有很多仆人都这样做过，但我们要告诉你诋毁自己的主人比诋毁你的同伴罪恶更大。这主要有五个原因：

首先，女主人的身份越尊贵，她在国中所享有的名誉比之普通的女人来说就更重要，关于她的流言也会影响到更多的地方。第二，诋毁主人违背了她们对主人表面上的顺服。第三，她们背叛了自己的誓言，就是要维护主人的幸福和名誉的誓言。第四，主人为她们的生计提供保障，她们这样做是以怨报德。第五，她们批评主人，违反了上帝的诫命：不要论断人，免得你们被论断。①

假设宫中的侍女的确知道主人的一些秘密，而这个主人又的确任性而邪恶。她们仍然不应该诋毁主人，她们私下里的闲话难保不传到外面去，而她们有责任维护主人的名誉，弥补她的过犯。当听到有关主人不好的传言时，也当压低声音帮助主人遮盖其过。任何与之相反的行为都将被人鄙视。

你可能会说："但是我有理由讲这些闲话，否则我的工作一点乐趣也没有。"

我们会说："如果你不喜欢你的工作，你可以离开，但如果因为金钱或各种各样的原因，不能离开这个工作岗位，就请对你所看到的事情保持沉默，你的职责不是去弥补什么，这也不关你的事。忠心地做你自己的事，不要管其他的。祈求上帝帮助你的主人，给她智慧。如果你看到不道德的事，或听到不好的传言，管住你的嘴巴，不要传闲话，这样你就会得到更多的尊敬。唯有上帝知道人的心，他知道很多人诽谤她们的主人不是因为别的，而是出于嫉妒或者憎恨，或是因为主人垂青别人或向其他人倾诉心事。

如果你要忠于自己的良心，就应该这么做：要维护主人的幸福和名誉，看到主人的名誉受损时，[2]如果你不敢当面劝告，至少应当找到主人的忏悔牧师，小心地告之关于主人的那些传言，以及她现在的困境和将来可怕的后果，然后请求牧师因着上帝的爱来劝导主人，但不要责怪她。

注解：①《马太福音》7：1。

②关于这些后果，参见第一部分27注释①。

8 彼此指责是不合宜的

宫中的侍女们也不应当彼此指责或者诋毁，因为指责别人的人最终会被人指责。被指责的人通常不惜编造虚构的故事然后反咬一口。没有人可以夸口说："我才不害怕，她们能指责我什么呢？我的行为无可指责，所以我可以放胆地指责别人。"说这样话的人是何等愚蠢，人们总能找出责备你的理由。圣经也这样告诉我们："我们若说自己无罪，便是自欺。"① 也就是说，你可能在这方面没有问题，但在其他方面可能有更多更严重的问题。如果你真实地、深刻地审查自己的良心，你会看到里面很多的污秽和罪恶。这些别人不知道的罪，却不能向上帝隐藏，唯有他知道谁是义人。另外，国王的宫廷应该好比治理有序的修道院，不要让城中流传着这样的话"宫中的女人互相指责，说到宫中发生这样那样的事……"在修道院中，修女们都发了誓，不可将修道院中发生的事告诉外面的人。同样的，宫中的姐妹们也应该彼此友爱、支持，不应该好像渔妇一样争吵，② 甚至背叛对方，这样的事在宫廷中是不合宜的，是应该被禁止的。

我们之前讲过诽谤的第三个原因是嫉妒，这是最不可原谅的一种动机，也是最恶毒、最不合理的一种诽谤。愤怒的人因为他所受的伤害去诋毁别人可能是人的天性，要不是因为上帝禁止人为自己复仇，这在人的律法中甚至是可以被接受的。而因着某些显而易见的迹象或证据，对某人作出诚实的论断，在这样指责的时候他至少是真诚的。但是，出于嫉妒的指责纯粹为了满足心中滋生的邪恶，是最可憎恶的，他们所诽谤的目标也是最危险的。

嫉妒人的舌头比蛇蝎的刺还要危险，因为它不仅伤害别人也伤害自己，不仅杀死身体也杀死灵魂。[3]如果我们想深入考察嫉妒的危险，亲爱的上帝，有多少国家、善良的人由于这些出于嫉妒的谣言被伤害和摧毁？嫉妒人的诽谤完全出自任性的罪性，如果一个人具有优雅的品质，或者他是幸福而幸运的，他们就不会凭空捏造出来这些谣言来。我们不再对嫉妒这件事多加置词，我们对宫廷中的淑女和侍女所说的话也已经非常详尽了。

注解：①参见《约翰一书》1：8。

②好像英国民俗中的渔妇一样，在法国卖鱼的妇人也经常被刻画为说话尖刻、粗俗的人。

③出自谚语“尖刻的舌头比锋利的剑还要伤人”。

9 写给伯爵夫人和女伯爵们的话

接下来我们要写给居住在有城墙保护的城市中、城堡、庄园和自己领地内的淑女们。我们慎重考虑了什么是对她们最有用的教导。她们的身份和权柄之于宫廷中的女人是不同的，我们理应就等级、生活和管理方式给予她们不同的教导。但对于遵循上帝的教诲、培养美德和善行来说，我们之前所讲的一切——就是教导宫中的女人弃恶扬善的话——仍然适用。很多有权势的女性拥有不同的贵族身份，比如女伯爵、女领主。女王或公主，这样的称呼对她们是不适用的，这只适用于女诸侯、皇后、公爵夫人或者那些因为拥有土地而以当地名字命名的亲王夫人们。虽然伯爵夫人或女伯爵在很多国家都不享有女王或公主的头衔，我们还是将其算入贵族女性的行列，根据拥有土地的职位排名，她们紧排在女公爵之后。

首先，我们要写给伯爵夫人（baroness），虽然伯爵（baron）的头衔可能不如公爵（count）的头衔高，但她们在法国、布列塔尼和其他地方，都在权力和名气上大过宫中的公爵夫人们（countess）。某些伯爵因为占有的土地和贵族的身份享有很大的权力，他们的妻子也享有很高的社会地位。对于这些女性，她们理应更加地审慎和明智。她们要学习知识，明白事理。一位哲学家曾说过学识不够广博就算不上智慧。另外，她还要拥有男人的胸怀。这意味着她不应只在闺房内受教育，也不应只被教授那些女性的美德。①

现在我们要谈的是最重要的一些事。一位伯爵要赢得和他的级别相匹配的荣耀，他的责任就是全副武装，照顾国王的事务，陪伴国王出行。他的妻子要常常留在家中，担起伯爵代言人的责任。庄园中可能拥有了足够多的管家、行政长官、地方官员，但仍需要有人统一管理这些家务，伯爵夫人正要承担这样的责任。她需要具有这样的管理技巧：使人们既畏惧她、[②]又爱戴她，因为建立在爱的基础上的畏惧是最有效的。在男主人离家的日子，仆人们要完全依赖女主人的保护，使他们不受伤害。女主人有必要对每样事情都了如指掌。处理不同的情况时，她要明白当地的法律和习俗，以至于有人想对她图谋不利的时候，这些法律就会成为她的武器。对待善良、顺服的百姓，她应该仁慈谦让。她要在重要的事上与丈夫的顾问们合作，听取智慧人的建议，就可以避免被责备。

伯爵夫人要具有男人的心胸。她要学习武器，熟悉与之相关的事务，有必要的时候可以召集军队，知道如何攻击，也知道如何防范。她要合理驻防自己的堡垒。如果她不确定自己的行为是否正确，就要召集群众，听取他们的意见，而非一意孤行。她要合理估量己方的人力，不要相信空洞的承诺。

伯爵夫人还需要花时间来考虑如何在丈夫回家前贴补家用，通过哪些途径可以补充财政。尽可能地避免过度压榨百姓，这常常是引起他们不满的导火索。对百姓宣布决定的时候，要带着权威，不要今天说一样，明天又说另一样。对待士兵，要用有力的言语激励他们，使他们对她忠心。如果丈夫授予她全权管理这一切，任何人挑战她的权威，她就应该用以上的方法来对付他们。

另外，我们在针对寡妇的那几章中提出的建议对她也适用。这些事之所以重要，是因为当她丈夫过世之后，她可以了解家中事务的运作。换句话说，如果当她不幸成了寡妇，她的遗产成了很多人垂涎的目标时，她也不会显得无知。

注解：①这条主线多次出现在克里斯蒂娜的写作中，特别参见《命运的更替》，在那里她详细描述了自己作为一个寡妇的体会。

②骑士制度要求它的成员随时随地待命。没有战争的时候，他们要在宫廷里守护着国王或其他的贵族。

10 居住在自己庄园内的淑女们如何打理家产和地产

还有一些女性住在城市之外自己的领地上，因为伯爵、骑士和侍从们经常出门在外打仗，他们的妻子理应是聪明智慧的管家。①她们要承担全部行政管理的职责，知道如何合理地运用收入和财产。她们应该清楚自己的收入，有多少是直接出自土地的。也应该用温柔的话语劝说丈夫允许她们参与财政的管理，在收入许可的条件下维持现有的生活水平，不要太奢侈，避免年终的时候债务缠身。不论你的收入多么微薄，量入为出都不是件可耻的事，真正可耻的是债主追债上门，或者借此骚扰你的百姓，又或者用计策讨回属于他们的财产。

这位夫人要非常清楚当地的风俗和法律，特别是关于封地、次封地、免役税、地租、各样税租以及她权限下的各样事情，②这样就没有人可以随意欺骗她。有很多管理土地的官员会找机会欺骗主人，她要在这些事上特别小心。对账目仔细过目并不件羞耻的事情。她要经常召见管家，详细了解管理的情况，避免等到最后想改进的时候，一切都太晚了。对待穷人，她要用上帝的慈爱和仁慈，避免严厉地对待他们。

另外，她也要知道如何合理管理家产，熟悉田地里的工作，在什么时间什么季节工人要做什么工作。她知道根据土地的位置和地区的干燥程度布置犁沟的走向，犁沟的深浅要合适，撒种要及时，种植最适合这片土地的土产。如果领地是一块产酒地，她也要熟悉葡萄园里的工作。她要确保招聘最好的工人和监工，避免使用每隔一段时间就换主人的工人。工人不要太老也不要太年轻，因为老年人不是太虚弱就是太懒惰，而年轻人总是游手好闲。

她要监督他们早早地起床，但一位聪明的管家不会依靠别人，她自己就早早起床，穿上胡普兰衫，③在窗口前忙碌，监督工人们出工。懒惰的工人通常表现在不愿意出工上。她也要常常视察田地，察看工人们的进度，因为很多工人以为没有人监督，就会在白天离开工地，还有人专门擅长在田地的树荫下睡觉，任他们的牛羊在田野里吃草，晚上回来的时候却报告做了一天的工。聪明的管家要戒备这样的事。另外，从五月麦子熟了开始，她不会坐等不切实际的价钱，她要让强壮的工人及时地收割庄稼，她也要付给他们现金和粮食。收割的时候，她要防止收割的工人把麦子遗留在地上，或耍其他的小花招。庄园中的夫人们要仔细管理这些事情。

她要早早起床，如果睡到日上三竿，怎能很好地管理家产？她要在家里忙碌，就会发现很多地方需要管理。她要在合适的时候购买牲畜，嘱咐牧人好好地照看羊群，管理的时候不要太粗暴。有的牧人会不管主人同意与否随意宰杀小羊。她要确保牲畜干干净净，避免烈日和雨淋，防止它们得病。如果可以的话，她需要在夜间有女伴陪同的情况下察看牲畜是否被关入栏中。这样，牧人就不会掉以轻心。她要确保牧羊人仔细看顾羊群，因为很多羊就是由于疏于照顾而死掉的。这位夫人要确保剪羊毛是在一年最合适的时候。在拥有大片平原和牧场的地方，女主人要牧养牛群，也要为它们种植燕麦，剩下的牲畜可以在市场上卖掉。饲养的公牛长肥的时候可以为她赚一大笔钱。如果领地里有树林，女主人可以饲养马匹，这也可以为她赚取利润。

冬天的时候，因为人工便宜，她可以让工人帮助打理柳树和榛子树的小树林，以及制造葡萄支架来卖。她要派年轻的工人出去砍一些柴，或整理休耕地。但天气太冷的话，可以让工人们待在谷仓里打谷。不要任由工人闲下来，因为庄园里最大的浪费就是游手好闲的工人。同

样的，她也要给家中的女人分配工作，诸如让她们照顾家畜、给工人们做饭、在院子里割草、在花园里做工，即便有些工作会弄脏她们的衣服，她和其他年轻的女人可以通过制作衣物来打发时间。她把上好的羊毛挑出来，为自己和丈夫制作精美的衣服，有需要的话也可以卖掉。用稍微粗糙的毛线为小孩子和家中其他女人制作衣物。最后使用剩下来的废料制作桌布，用亚麻锁边，房子中的佣人可以在冬天的夜晚制作这些亚麻布。她们还可以

做很多事情，在这里就不一一罗列了。

在地势平缓有很多可耕地的国家，庄园夫人就更加有必要合理地管理地产了。这样的女主人配得更大的赞赏。有效率地管理家产有时比出自土地的收入还能为她赚取更多利润。[④]例如，Eu的公爵夫人，那个在去匈牙利的路上死掉的年轻公爵的母亲，[⑤]就非常善于此道。她是一位智慧的家产管理者，不以在家中繁忙的工作为耻，她持家得来的收入比一年来地里的出产还多。所罗门在《箴言》中对妇女美德的称赞，[⑥]也可以用来赞美这样的女人。

注解：①还有其他一些原因使贵族男士不能留在家中，克里斯蒂娜小心避免提到他们也可能是过世了，或者被英军俘虏。当时的风俗是俘虏重要的人物以换取赎金。在1356年发生的Poitiers战争中，黑王子爱德华抓住了法国国王Jean le Bon，要求3百万埃克，分五次还清。在黑王子和法国国王因为自然原因去世多年以后，英国仍然要求最后一部分的赔偿。法国国王可以因为赎金的缘故取消通常纳税的制度，然后设置专门负担赎金的税收。为了赎金的缘故被抓起来的著名的人物之一是诗人、国王的侄子Charles d’Orl é an (1391—1465)，于1415年在Agincourt被抓，直到1440年才返回法国。

②在不同的地区和立法下这些习俗和法律也有所不同。地租champart是付给地主的以贷代款的租金。

③这是一种长而宽松的外衣，男女均可穿，当今学位长袍的原型。

④这个时期的法国面临的一大难题就是农作物价格的萧条，部分原因是由于黑死病造成的人口减少。拥有土地的贵族不能再依靠过去的收入来源，如何智慧地管理家庭就显得更加重要。

⑤Philippe d’Artois的母亲，在1396年Nicopolis一战中被囚，于1397年在土耳其过世。

⑥《箴言》31：10-31。

11 对那些喜爱穿华服、戴美饰的夫人的教诲

我们之前提到生活在庄园和自己领土上的女性理应给丈夫们关于生活支出上的建议（这意味着，她们不应当在收入的范围之上过奢华的生活）。如果希望智慧度日，遵循我们教导，夫人们应当避免某些特别奢侈的事物。有两种恶习在很多地方非常普遍，它们由骄傲的心滋生出来，对灵魂和身体都会造成损害，第一样是奢侈的头巾和礼服，第二样是在公共场合中的攀比。

喜爱奢侈的华服是不恰当的。在古时候，公爵夫人不敢穿戴皇后的服饰，伯爵夫人也不会穿戴公爵夫人的服饰，普通老百姓不会穿戴贵族的衣服，少女也不会穿戴老年妇女的衣服。[①]但如今这些规矩都不存在了，人们想穿什么就穿什么，只要它们经济上能承受得了，人们总是想要拥有最好的。好像羊总是跟随羊群一样，人们也总是在追赶时尚和奢侈的习气上随大流。他们说得没错，一个奢侈的人必须追赶更奢侈的人。但如果大多数的人都保持朴素的生活习惯，那些穿着出格的人就会成为异数，也不会被人尊敬。

我不知道在追求奢侈上有什么乐趣。不明智的人才会被这欺骗，一个人的价值并不是从她的穿戴上体现出来的。最可笑的是一个人打扮入时，却不符合自己的身份，或者还没有钱养活自己。这些人最后落入贫穷和不幸的窘境，也没有人会同情她们，因为她们很多人是因

为大手大脚而破产，相反，维持朴素能让她们过上很好的小康生活。另外一件羞耻的事就是欠裁缝、毛皮商、呢绒商和金匠的堆积如山的债，她们用典当的钱去购买这些东西。上帝知道她们是否赊账购买这些。

我们说这些是为了你的益处，如果你穿着光鲜是为了凌驾于别人之上，这会导致骄傲情绪的蔓延，这也正是在很多地方发生的事。没有人对他的社会地位完全满意，每个人都希望至少自己看起来像个君王。上帝不能容忍这种骄傲，他会很严厉地惩罚这些行为。之前那个巴黎裁缝碰到的事就是一个很好的例子。一个来自卡第内（Gatinais）县的普通妇女请他做一件外衣（cotte hardie）。[②] 他用5厄尔（巴黎的计量单位）[③] 的布鲁塞尔布制作这件衣服。裙裾的四分之三拖地，长长的袖子一直拖到脚踝，天知道要与之相配的头饰会有多大！这件衣服是多么的丑陋和不合宜，看到它的人都会这样说。合乎中道才是最文明和令人愉快的行为。

这些教导主要针对法国的女性，在别的国家男女穿一件衣服通常会穿较长时间，不像这里的人一年一换，衣服样式也越来越繁琐。我们觉得意大利和一些其他地方的衣服性价比更加的高，虽然它们看起来也非常花哨，也使用了很多的珠宝，却并不像这里的衣服那样昂贵，这是因为它们可以穿着好几季，也可以传给其他的人继续穿着。但这些衣料、丝绸、拖尾的羽毛只是潮流，包括美丽的头饰，但这个世界上没有什么比女人金色的长发来得更可爱了，正如圣保罗所说过的，头发是女人的荣耀。[④]

注解：①当时禁止奢侈的法律要求人们穿着与自己身份相符的服装。中世纪的穿着规定有点像当代军队中的制服制度，模仿上一级是很严重的错误。例如，在穿皮草的等级中，只有贵族才可以穿貂皮，下层民众只能穿兔皮。最昂贵的染色颜色只能给社会最上层的人，中产阶级和手工业者就不能穿深红色。宫廷中的法令禁止资产阶级佩戴昂贵的皮带或使用某种衣料，即便他们可以支付得起也不可以。在时尚方面由国家控制的还有鞋跟的高度、袖口的宽度、袍子的长度和首饰的样式。社会地位是固定的等级制度的一部分，所以能够通过衣着来判断一个人的身份是很重要的。另外，还有道德和经济的因素影响着禁止奢侈的法律。但是，所有这些规定在长时间内都不是特别地有效。

②Cotte hardie是一种长袖、下摆长到膝盖的外衣。Gatinais位于巴黎南部，到巴黎的距离可说不远不近，让这个地方的女人既不是特别时尚，又总是追求最新的时尚动态。

③巴黎的厄尔（ell）相当于1.19米，不同于Arras厄尔，后者只有0.7米。

④《哥林多前书》11：15。

12 克里斯蒂娜指责某些女人的骄傲

在穿华服之外的另一种骄傲的表现更加不足取，那就是女人们在婚礼或者其他场合中趋之若鹜的攀比行为。上帝知道这种比拼的行为会引起多少不必要的嫉妒和敌意。很多女人不愿意与其他女人交朋友，因为她们想："如果我和这样有风度的女人交朋友，我会显得不如她，这我怎么能忍受呢？我才不要与她结交。"所以，在公共场合，很多女人都对彼此态度冷淡，从眼角观察着对方，好像在说："那个女人可比不上我。"他们知道如何耍一些小花招。即便是在巴黎，这些女人的丈夫都是在宫廷中任职的，她们也避免不了这种恶习。更糟的是这样的事情也会发生在教会中，那是比一切其他地方都更应该避免这些罪的地方。这比在其他地方犯罪更严重，因为那是敬拜我们的造物主上帝的地方，如同上帝在福音书中宣称的那样。①这些妇女争先恐后地涌往圣餐台的行为不仅是粗鲁的也是邪恶的。② 这种风气在庇卡底（Picardy）和布列塔尼和（Brittany）比在巴黎更盛，有人曾看到一些妇女如此专横，在教会中粗暴地拉拉扯扯，甚至在行接吻礼的时候也是如此。③

让事情变得更糟糕的是，有些丈夫会唆使和鼓励妻子这样做。甚至妻子不这样做的时候，他们会生气地想："我比那个人更有贵族的资格，所以我的妻子也应该超过那人的妻子。"而对方也会想："但是我更富有，职位更高，我不能容忍他的妻子超过我的妻子。"这两个人因此发生争执。这是何等的愚蠢和傲慢。这样放肆的行为不应该在基督徒中出现。如果普通的牧师没有胆量，助理牧师、主教应该在教会中禁止这样的行为。这些妇女真应该待在家里，不要把这样丑陋的事情带到教会中来。这些衣着光鲜的人来到祭坛前向上帝献祭，他们实在是在向地狱之子——骄傲者之父——献祭，④牧师应该转过身去，不接受这样的祭。

同样的，在行接吻礼时，凡是乐意的人都可亲吻圣像牌以期望带来和平。但这些人心里充满源自骄傲的愤怒，这并没有带来和平，反而带来战争。在弥撒的亲吻礼前心怀这样的嫉妒是多么丑陋的一件事。这罪拦阻人们敬拜上帝，接下来的人在亲吻圣像时也会感到羞辱。这样的仪式有什么价值呢?

如同谈论疾病不会让人传染上，谈论治愈的方法也不能真正治愈疾病。要减少这病态膨胀着的骄傲，⑤是一件仁慈的事，也会使很多灵魂受益。我们已经提到主教可以取消这些丑陋的传统，并开除那些执意要延续这习俗的男女。这对所有人都有好处。至于那些想以盛装来表现自己的人，要思考自己出身的卑微，从哪里来，到哪里去，你没有骄傲的理由。如果你说你贵族的身份驱使你爱慕这些虚名，让我们告诉你，如果不具备高贵的品质、美德和礼节，没有人可以称得上是高贵。如果你没有这些品质，无论你是谁，你都称不上是贵族。你坚持自己是的话，就是在自欺欺人。

所有教会早期的学者⑥都说过最伟大的人不是那些骄傲的、在名气和社会等级上比别人高的人，而是那些最有德行、最谦卑的人。圣奥古斯丁在书中谈到我们的主耶稣的时候，这样说道："希望那些因为自己的血统而以自己为高贵的人都知道这点，你这实在是欺骗自己。你以居高位而沾沾自喜，还想爬得更高，但你不认识脚下的路，不久就会偏离正路。你以为自己爬得很高，但终将跌落，因为你所踏上的第一个台阶是骄傲，是卑微可怕的深坑。但你相信我的话，我会引导你来到真正能抬高你的台阶面前。这第一节台阶就是谦卑，其他的美德紧随其后。如此，你可以成为高贵，也会越走越高，而没有什么可以伤害你。”

我们现在要写给居住在有城墙围护的城镇中的女子们，⑦因为我们希望每一位女子都可以获得幸福和好名声。很多绅士会将他们的女儿嫁给城镇中的富有的人，有一些可能是骑士或者国王的官员，其他的可能是富裕的议员和商人。这些女孩子应该顺服这样的安排，不抱有偏见，她们并不算是嫁得不好的。但时常她们因为骄傲而不满意，认为丈夫是乡下人。这是多么愚蠢！正像我们早先说过的，如果他不做卑鄙的勾当，就不是“乡下人”，就像没有美德人也称不上是贵族一样。所以，高贵、有教养的女性要仁慈、有礼，如同《传道经》中所说，⑧高贵的人谦卑自己，她的高贵会加倍，也会得到更多的尊敬。对于那些有教养的女孩子，她们在丈夫面前越以顺服、尊敬和忠诚的态度谦卑自己，她们的荣耀越要加增。虽然所有的女性理应如此，这些女性会因此更赢得夸奖。如果她们在一群女人中谦虚、良善、有礼貌，在家里不是专横跋扈，对周围的人都亲切和蔼，行为举止高贵，衣着简朴，她们就可以成为其他女性的榜样。那句常用的谚语就可以来形容她：“良善、审慎、智慧的人有玫瑰的芬芳。”

注解：①这里可能是指耶稣在圣殿里驱赶兑换银钱的人，见《马太福音》21：23，《马可福音》11：15-17。

②弥撒的一部分，要求人们带着酒和面包等礼物到祭坛前来，以备神父在圣餐时使用。在这个时候，人们可以互相打量，所以这一仪式经常被滥用。

③The kiss of peace或pax，一种象牙色的金属或木头盘子，背后有把手，由神父和神职人员依次亲吻之后传给参加弥撒的人。

④见第一部分4注解③。

⑤再一次把骄傲比喻成腹股沟腺炎，见第一部分4注解④。

⑥见第一部分8注解⑧。

⑦城镇在14世纪早期就出现了，但由于战争和疾病的缘故人口减少。但人们还是不断地从农村来到城镇中，因为城镇的围墙可以起到保护的作用。因此那种没有城墙的小镇和有城墙保护的大城镇是不同的。

⑧《传道经》3：17-8。

13 对修道院中女性的话

我们谈到了对各种贵族妇女的教导，现在轮到那些生来为了敬拜上帝，为此献身或进入婚姻的女性了，出于对她们的配偶以及宗教职位的尊敬，这些女性拥有非常高的社会地位。所以我们的教导对这些妇女都大体适用，但因为她们特有的生活方式，我们向她们建议七种生活中的美德。[①]对这些美德的教诲是以耶稣基督的话以及早期教会的圣师们的见证为依据的。[②]我们首先请您了解因着对美德的赞赏，邪恶是必须被谴责的，良善的行为受人尊敬，狡诈的行为令人厌恶。因为传扬良善是一件美好的事，我们出于对圣职的尊敬采用以下的教导方式。

我们对献身信仰的女性要说，虽然您可能早已熟悉与您的地位和宗教相关的教导，但希望我们再次重复这些重要的美德不会令您厌烦。这七项美德是：首先，顺服，这是一切宗教制度的基础；第二，谦卑；第三，清心；第四，忍耐；第五，勤奋；第六，贞节；第七，追求和睦和良善。虽然这些是针对那些在宗教系统中的女性，我们希望所有女性都可以从中受益。如果哪些部分不是特别适用，请不要轻蔑地耻笑它，把它翻到一边去就好了，因为好的教导就如同忠心良善的仆人，当他不能帮上忙的时候，至少也不会带来伤害。

以信仰为基础的顺服，《圣经》最充分地赞美这美德，我们的主亲自地表明了，他顺服以至于死。顺服主要表现在三方面：顺服上帝，服从他的命令，因为这是首要的；然后顺服当下的法律，随后顺服掌权的。如此看来，修女首先要遵守上帝的诫命，然后要服从修道院中的一切法律和制度；第三要服从修道院的院长们。至于第一项，我们应该知道得非常清楚，无论谁违反了上帝的诫命，就是犯了必死的罪。一个修道士或修女在宗教系统中比普通人犯罪更加严重，这主要有以下的原因：他们的生活是被分别为圣的，好比国王的侍从如果对国王犯罪，要比那些没有对国王宣誓效忠的人犯罪来得更加恶劣。另外，她们那样做就是违背自己全心全力服侍上帝、竭尽全力免于犯罪的誓言。所以你要非常小心，不要违反修道院中的规章制度，这样的事对你而言是严重的，但对一般的老百姓而言可能并不算什么，因为这是你所在的修道院，这些规矩是你理应遵循的。另外，遵守上司的命令也不该是困难的，谦卑地遵守这些命令是多么大的美德。

第二种美德是谦卑，没有谦卑的美德，即便拥有其他一切的美德，你的言行也不会取悦上帝。为了显明这个美德的重要性，《圣经》中讲到马利亚的谦卑比她的贞节更取悦上帝，在圣母颂中她自己这样说道："因为他顾念他使女的卑微"③。那些学习并收获这谦卑美德的人，会记得《圣经》里所说的："自卑的，必升为高。"④

第三种美德是清心，包括节制。为了说明这种美德的重要性，我们再次借用圣奥古斯丁谈论贞节的圣人的话，他说清醒的心灵是思想、理性和身体的盾牌和防护，是贞节的监护者，是虚心的邻舍。它是和睦和友情的朋友，是一切恶习的敌人。也正如奥列金（Origen）讲的，醉酒是一切犯罪的根源，而清醒是一切美德之母。

忍耐是第四种美德。谁能数尽忍耐的益处呢？我们的主耶稣就是一个很好的例子，他真正拥有这美德。那些长存忍耐的人是真正的上帝之子，福音书中称他们为有福的，因为天国是他们的。⑤

第五种对修女来说至关重要的美德是勤奋，或是勤劳的心。不用寻找别的证据，圣杰罗姆（St Jerome）说过，在圣诗集里，一个人可以靠着勤奋胜过自然。拟通过勤奋控制自己身体和理性，即便自然也可以被这种足以控制自己的意志力所胜过。这对一位修女来说是非常必要的。

第六种美德是贞节，包括庄重的态度，在言语、行为和穿着上的得体。避免拥有那些俗气和招人眼目的衣服和头饰，你的衣服理应简单得体。有些修女想通过他们的袍子、头饰和胸针把自己打扮得更漂亮，这对修女来说是非常下流可憎的。没有什么比穿着不当的修女更不雅观的了。如果还要在男女混合的场合公开跳舞、嬉戏、玩耍，就更加不合适了。在言语上破坏纯洁和庄重的戒律就如同仿效魔鬼一样，没有什么比这更恶劣和令人痛恨的了。做出这种行为举止的人没有意识到，地狱其实就在她们的脚下。这些事妨碍一个人的圣洁，为了上帝的爱的缘故，亲爱的朋友，不要这样行，这好像在蜂蜜中掺上毒药，将你引入灭亡。相反的，你要因着贞节的美德而喜乐。圣昂布罗丝（St Ambrose）在《论贞节》（Book of Virginity）一书中说："贞节让一个人有天使般的美好，贞节的人好像天使，失去它的人如同恶魔。持守它的人是天堂的子民。"圣伯尔纳（StBernard）[6]也说， 就好像香膏有防止腐烂的功效，圣洁保守灵魂免于腐朽，保守它的清洁，使之有美好的香气。正因如此，很多民族的人民称赞良善的朱迪特女士（Judith）说："你是耶路撒冷的骄傲，以色列的荣耀；你使你的国家喜乐，上帝给了你勇士的力量，你喜爱圣洁，为以色列作美好的见证。[7]"

第七种美德是追求和睦和良善，这对你是必要的，修道院是和平的地方，你理应爱和珍惜你的同伴。听听圣昂布罗丝（St Ambrose）说的："良善是我们共同的母亲，它使人们好像兄弟一样连接在一起，忠诚地彼此相爱，为对方的不幸悲哀。从人群中拿走良善就好比从他们中挪去太阳。"他继续说："良善好像一池清泉，滋润口渴的灵魂。良善是一道光，照亮自己和他人。和平由此而生，愤怒的利剑因此而折断。它使众人合而为一，总而言之，它的能力遍及宇宙。”亲爱的女士，明白这些事，在诚实和忠诚的爱里，你们要像姐妹一样和平同住。

第二部分到此结束。

注解：①克里斯蒂娜针对修女的七大美德（看起来似乎有八个）与基于三个神学美德（信、望、爱）和四个重要美德（审慎、节制、坚韧、公正）的七大美德不同。令人迷惑的是还有另外一套基督教美德，分别是审慎、信心、贞节、忍耐、谦卑、清醒和仁慈，有的时候还包括和睦。

②见第一部分8注解⑧。

③《路加福音》1：46-50。圣母颂是童女马利亚在回答伊利沙伯（施洗约翰的母亲）的问安时所说的话。这首赞美诗的第一句就是“我心尊主为大”，在拉丁文中是“Magnificat anima mea Dominum”。

④《马太福音》23：12：凡自高的，必降为卑；自卑的，必升为高。耶稣教导门徒警戒自大和虚伪。

⑤在《马太福音》的登山宝训5：3中，“虚心的人有福了，因为天国是他们的”。

⑥克里斯蒂娜的这一章是写给修女，特别是写给她们中一些博学的人，精通神学著作，了解那些基督教知名妇女的经历的人。贞节是这些神学家最重要的讨论主题，特别是他们对其他男性的著作中有关对女子的讨论时。

⑦次经《朱迪特》15：9-10。朱迪特在杀了荷罗孚尼之后得到大祭司Joakim的称赞。

第三部分

1 论中产阶级的女性如何维持家务和家中的秩序

在这第三部分的开头，接着我们对贵族和宫廷中妇女的教诲，我们现在必须转向城镇和城市中中产阶级的女性，她们是职员、律师、行政官以及各种机关人员的妻子。我们也会对那些市民和商人的太太们提供建议，在有些地方她们会因为血统的缘故也被算为贵族。最后，我们还有一些话给社会各阶层的妇女，让所有女性都可以聆听我们的教诲。我们之前提到很多次，希望我们关于美德和管理家务的教导适用于每一个阶层的女性，每个人可以从中汲取她所需要的。但不要像某些愚蠢的人那样，只乐意听一些与已无关的说教，对此他们会频频点头，表示他们的同意，但当听到针对他们的话时，他们就垂下头，捂住耳朵，对那些教诲不以为然。所以，对于这些宽于律己、严于待人的人，聪明的讲员往往需要考虑听众的需要，在提到一些人的同时，还要关注另外一些人的需要，这样一方才不至于嘲笑甚至抱怨另一方。

我们三女神再次重复刚才说过的话，请特别注意与你们相关的教导。除了虔诚的爱和敬畏上帝，这是你的义务，也是不言而喻的了，其他四项关于在世事上审慎的教诲分别是：第一，对丈夫的爱和信任，如何与丈夫相处；第二，管理家事；第三，有关梳妆打扮；第四，如何避免指责和不名誉的事。

关于第一点，无论丈夫是衰老还是年轻，不论他善良还是恶毒，好争吵的还是爱好和平的，忠诚的还是背叛的，妻子都要对丈夫保持爱和忠诚：我们就不再赘述，我们在第一部分的第十三章已经详细谈论过。除此之外，为了让您更加看到这一点的重要性，我们要告诉您，如果您有一颗智慧良善的心，对丈夫忠诚，与之和平相处，并做好自己的本分，你就会在以下三方面得到祝福：首先是对灵魂的益处，第二是在世上的荣耀；第三，很常见的一件事就是，虽然一些富有或有权势的人对太太非常粗暴，但当死亡来临的时候，他们的良心会受到谴责，意识到妻子们的美德以及他们对妻子所犯的罪，于是，他们会把一切的财产留给妻子。

我们要谈到的第二点是关于管理家务的。作为妻子的你理应付出十足的心力和勤劳，智慧地使用、管理你的丈夫通过劳动、生意换取来的收入和财产。男人的职责就是要使用有限的手段供应家里的需要。而女人则需要用智慧的心管理和分配财产。不要太过吝啬，也不要不假思索地大手大脚，那会迅速地掏空你的钱包。不要浪费，凡事节俭，女主人要事必亲恭，在凡事上仔细过问。

女主人要熟悉准备食物的每一个细节，知道如何统筹规划，如何给仆人们下达命令。如果丈夫邀请一些重要的客人，女主人需要亲自在厨房里监督准备食物的过程，要确保家里干净整洁、井井有条。子女们也要有教养，不会让人经常听到小孩子的哭闹和争吵。孩子们都要穿戴整洁，遵守家规。房子里不会看到奶妈用的襁褓或其他什么衣物扔在地上。妻子要让丈夫的衣服保持干净，因为丈夫的仪表是妻子的荣耀。不要让丈夫有所缺乏，也不要随意打搅丈夫的安静和休息。在丈夫回家晚餐以前，一切都应该准备就绪，各就各位，餐桌和餐具都应安排妥当。

如果妻子想获得世人和丈夫的赞许，她就要以愉快的心情面对她的丈夫。这样当丈夫被一些思绪困扰，在外面遇到困难的时候，妻子就能以她的优雅和温柔让丈夫暂时不被那些事搅扰。妻子在家门口愉快的迎接无疑是对一位心事重重的丈夫的一剂良药。这是妻子分内要做的，因为丈夫承担着养家糊口的重担，理应得到妻子体贴的问候。妻子不要和家中的其他人争吵，不要唠叨，更不要在饭桌上对什么事小题大做。如果有人做错了什么，她可以平静地指出他们的错误，但不要在吃饭的时候这样做，因为吃饭应该愉快地进行，争吵的事是非常不和谐的。如果她的丈夫脾气不好，她要想办法用一些温柔言语安抚他。不要在人前过问他的生意或其他隐秘的事，可以在他们单独相处的时候私下询问。

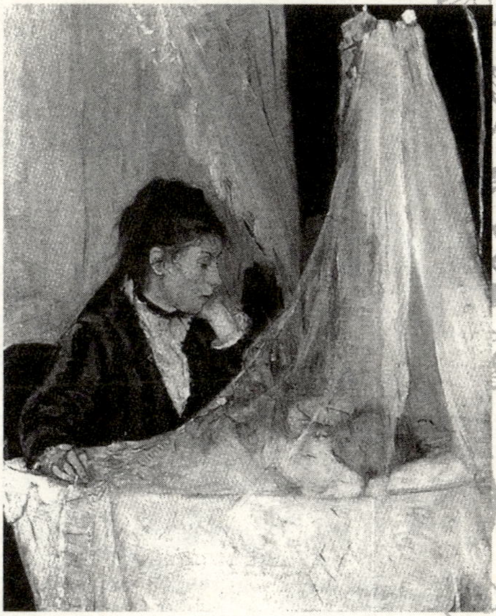

聪明的主妇会很早起床，参加过弥撒、做完早祷之后，她要给仆人分配任务，然后花时间在一些有用的工作上，比如纺线或编织。侍女们做完工作以后，她要分配她们做另外的工作。她不能容忍家里面有任何的女性，包括她自己游手好闲。她会在市场上买一些便宜的亚麻，给城里贫穷的妇女让她们织成布（但不要以她的身份欺骗或占这些女人的便宜，那样她就是让自己受到谴责，也不会从中获得什么利益）。她也要让人制作精细的宽布、桌布、餐巾以及其他的亚麻布。她在这些事上面的勤劳，是正直的、有教养的淑女的天性，与那些邋遢的、惹人厌烦的女人截然不同。最后，她还要制作一些非常精细的、镶了边的细麻布，时刻保持清洁，气味清香，仔细地折叠好，用在丈夫邀请一些最重要的客人的时候，这些客人会非常尊敬和赞赏她。

智慧的妇人要确保家里没有食物是放坏的，不要浪费那些可以用来帮助穷人的东西。给穷人的食物不要是腐坏的，捐的衣服上不要有虫咬的破洞。但如果一位淑女真心爱慕灵魂的得救和好善乐施的美德，她就不仅要以这种方式分发救济，而是要将她酒窖里的酒、餐桌上的肉拿出来分给产妇、病人和贫穷的邻居们。如果她聪明、有能力，又捐得乐意，她就在这些行为中为自己积攒财富，她不会因此而贫穷。但是，她也要在这些慈善的事上有一颗智慧和善于分辨的心。

这位妇人应该是智慧而优雅的，时刻保持着令人愉悦的表情，谦虚的姿态，言语有礼；她要真心接待丈夫的朋友们，和每个人都和蔼可亲地交谈。对邻居，她乐意和他们交朋友，不吝啬施舍。对家里的仆人们，她既不话语尖刻，也不轻易怀恨，也不会为了一些小事不停地唠叨。在他们做错事的时候，她要当面指责，如果他们毫无改进，就可以以辞退来警告他们。聪明的妇人不会大发雷霆，或者吵嚷到另一条街上的人都能听见，不会像某些愚蠢的妇人那样，以为对丈夫和仆人发脾气、小题大做、抱怨、说闲话，就可以表明自己是个好主妇。我们的教导和那种主妇毫不相干，因为我们希望我们的读者在她们一切的行为上都有一颗分辨是非的心，做事也合乎

中道，这是不需要愤怒、怨恨和高声叫喊就可以做到的，要知道这些行为对于淑女来说都是非常不体面的。

2 中产阶级的妇女如何在穿着上保守，她们如何保护自己不受欺骗

我们想谈到的第三点，是关于您的穿着打扮，我们建议您不论是在购置衣服的成本还是在衣服的款式上都不要太奢华。① 主要有以下五个原因：首先，太关注自己的身体出自人的罪性，不讨上帝的喜悦；第二，一个人并不能因为华丽的外表而受人尊敬，我们之前多次提到这点；第三，奢华会使一个人贫穷，掏空人的钱包；第四，你给别人树立了一个坏榜样（也就是说，你会影响其他的女人作出相同或更恶劣的举动来。比如一位淑女看到城镇的妇女都穿着华丽，她自以为自己的地位更高，理应穿得更加漂亮才对。这就势必导致夸耀攀比的风尚，每个人都想胜过别人，法国和其他地方的很多人都因此破产）。第五点，你华美的服装令周围的妇女产生犯罪的冲动，无论是嫉妒的传闲话还是攀比的企图，都是不讨上帝的喜悦的。所以，亲爱的女士们，这种行为实在对你们没有益处，反而带来很多伤害，千万不要以此为乐。但是，根据自己和丈夫的社会地位合理地着装是正确的，而明明是中产阶级妇女却打扮得像个年轻的贵族妇女，或者贵族妇女像个宫廷淑女，都是不妥的，这违背良好的公共秩序。在一个有秩序的国家里，所有的事情都应该有限度。

现在我们要谈到第四点，如何避免责备或坏名声，在这一点上你的着装风格太昂贵或者太紧身都有关系。让我们打个比方，一个女人性格良善，没有什么不好的念头，也没做过什么不好的事情，但没有人会相信，那是因为她的穿着不符合她的社会地位。无论她是多么好的一个人，别人会对她作出不利于她名誉的论断。

所以对每一个保守名节的妇女来说，理应在穿着上朴素低调。衣服不要太紧身，领口不要太低，也不要追求不端庄的时尚，或者新款式的佩饰，特别是那些不正派的装束。另外，淑女的礼仪和态度也很重要。正如我们以前谈到的，没有什么比粗暴的态度和愁苦的表情更令人不快的了，也没有比柔和的面容和安静的态度更令人愉快的了。即便年纪轻，举止也要适度，不要在游戏和嬉笑的时候太放肆。她要知道如何以适度的态度游戏和嬉笑，言语柔和有分寸，不要有轻浮的态度，表情要端庄，不要向四周环顾，要态度愉快、适中。

回到我们以上的话题，除了不正当的衣着和粗鄙的态度会引起责备和流言，另外一个后果更加危险，那就是那些愚蠢的男人会因此产生错误的想法，以为她这样做是为了吸引他们的注意和爱情。她可能根本没有这样的念头，她这样做只是为了让自己开心，或者她的个性迫使她这样做。结果，很多男人会不辞劳苦地追求她，传递各种各样的信号，为了达到目的誓不罢休。聪明的女人在这种情况下该如何做呢？她知道除了伤害和不名誉，从这样的爱情里面得不到什么其他东西。不要仿效那些无知的女人，以被追求而骄傲。她们对自己说：

“有那么多男人爱我！这证明了我的魅力和价值。我不会爱上他们中的任何一个，但是我要对他们每一个人友好，对每个人的态度都不偏不倚，和所有人谈心。”

这不能维护你的名誉，相反的，你很难保持这样中立的立场，不久以后你一定会做出让自己后悔的事来。因此，聪明的妇人在注意到某个男人对她有不恰当的企图之后，不论是使用言语、手势还是态度，她都要明确地表明自己的立场，让那个男人放弃任何的希望。如果他祈求，她要这样回答：“先生，如果你对我有什么想法，请不要再这样做。我用我的信仰向你保证，我没有任何的意图置身于这样的不正当关系中。我可以很清楚地告诉你，我深深地相信没有任何人或事物可以让我放弃这样的立场，这在我一生中不会改变。你要相信这点。所以你是在浪费时间。请不要再做这样的暗示，不要再说这样不恰当的话了，这些都让我非常不舒服。我告诉您这一次也是最后一次，我的立场不会改变的，就这样再见吧。”

智慧良善、爱惜自己名誉的女人应该这样简洁地回答他，不要继续听他的甜言蜜语。另外，你的态度、手势和言语有相同的重要性。换句话说，你的表情和举止不应该让他有一点点希望，让他以为自己可以成功。如果他继续送来礼物，一定不要接受，因为谁接受了礼物就是正式地作出了承诺。② 如果谁对她提起这个人，她要用严厉的表情让人不敢再提起他。有什么侍女或是仆人不小心再次提起，她就不要再把他们留在家里，因为这样的仆人是不可靠的。她要有技巧地辞退工人，不要因其不必要的争吵引起仇恨。

但无论怎样，她一定不要对自己的丈夫透露一句。即便没有恶意，她的不小心也会让丈夫勃然大怒，让她没办法安抚。她的警惕和沉默可以避免这些不必要的麻烦。当一个女人明确地表示了自己的态度之后，没有男人还会那么坚持着不放弃的。她也不应该对邻居提起这件事，因为这会引起传言，当男人们遭到拒绝，又听到女人们在背后谈论，也会因为愤怒编造谣言。所以女人应该对此保持沉默。对于女人来说，夸口并不是件优雅的事。另外，为了避免责备，不要和名誉恶劣的人交往，也不要以娱乐别人或自己的名义参加花园中的聚会。要知道这样的聚会对她是不合适的。也不要和男人调情，这是罪恶的源头。如果她知道这些，就不应该参加，最好不出家门。聪明的女人应该非常小心要去哪里，以及如何出行。

女人更不应该以朝圣为借口离开家去参加快乐的派对。这样做是冒犯上帝，也会带来可悲的羞辱。像那样的"朝圣"根本不配朝圣的名字。也不要和镇上年轻的女孩四处乱逛，星期一圣奥德列（St Audrey），星期四某处，星期五圣卡特琳娜（St Catherine）……③ 虽然有些人这样做，却没有必要随大流，我们不想阻止她们做好事，但考虑到年轻时候的无知，男人们的引诱，以及老百姓们无根据的流言蜚语，对灵魂和身体的益处最安全的途径是不要养成在城里乱逛的习惯。上帝无所不在，他应许虔诚的祷告。女人经常光顾传播谣言的场合和聚会不仅无益，也完全是浪费金钱。④ 所以，如果一个女人爱惜名誉、智慧、尽力避免责备，理应警醒避免以上提到的事。

注解：①关于禁止奢侈法案，参见第二部分11注解①。在克

里斯蒂娜的年代，时尚概念变得非常流行。外袍和头饰越来越复杂和奢侈。克里斯蒂娜谈论的这个问题是在这风尚刚刚开始的时候。

②当时的谚语是："女人在接受礼物的同时就是出卖了她自己。"

③教堂和教堂的院子经常是年轻人和无所事事的人聚会的场所。杂耍艺人有时会在教堂外面表演，在教堂的院子里会有即兴的歌舞和表演。教堂是镇上最大的室内公共场所，有时也被用于召开世俗会议和储存的场所。

④公共浴场是中世纪城镇的一个重要特征。即便是最豪华的私人住宅也往往不具备洗浴设施。洗浴成了社交活动，人们站在装满热水的洗浴桶中，边洗浴边吃喝。通常有性别隔离，但公共洗浴有时也成了罪恶的场所。

3 对商人妻子的建议

现在我们谈到在巴黎和各处的商人的妻子们，她们非常富有，穿着华丽，特别是在巴黎以外的一些城市，如威尼斯、热那亚、佛罗伦萨和阿维尼翁等地。但这些地方（虽然每个地方都应有它的限度）比法国的各部分更可以被原谅，因为那些地方没有巴黎那么多的职位、等级的分化，比如皇后、公爵夫人、伯爵夫人和其他女士的区别。所以，在法国这个最高贵的国度，一切都应当恰如其分。对这里的女人来说，跟随别处女人的样式是不合宜的：村妇不应该和巴黎手工业者的妻子享受同样的社会地位，手工业者的妻子也不应该像商人的妻子，商人的妻子也不应该仿效未婚的女人，未婚的不要仿效已婚的妇女，普通的女性不要仿效公爵或伯爵夫人，公爵夫人不要仿效皇后。每个女人应该守自己的本分，正像人和人的生活方式不同，她们的产业也是不同的。但这些原则，连同很多美好的东西，似乎今天都过时了。①一个女人失去了她所寻求的果效和影响。无可置疑的，没有什么时候的骄傲和攀比今天更盛的了，从学习编年史和历史中就可以知道这是真的。虽然在意大利，妇女们穿着华丽的服饰，她们没有这里的妇女大手大脚，特别是考虑到配备随从和其他奢华的风尚上。她们也在华丽的外袍上企图超过彼此。

但是现在让我们转向商人的妻子们。以下这些对于一位商店的女主人来说不是过分的奢华吗？巴黎的商人被称作“贵族商人”，和威尼斯和热那亚的商人不同，后者在很多国家都有代理商，经常奔波海外，买进大量物资，赚取利润，把商品运到很多国家中，赢得财富。我们这里形容的“贵族商人”只买进大量货品，虽然自己的妻子穿得像个皇后，他们的货物却卖不了很多钱。不久之前，可能这商人的妻子刚刚生产，举行了月子里的聚会。[2]现在，在进入她的内室之前，必须经过另外两个精心布置的卧房，每一间屋里有一张大床，垂着昂贵的帘子。第二间屋里有一个巨大的梳妆台，布置得像个祭坛，放置着银器。从这间屋就可以进入女主人的房间了，精心布置的房间里，塞浦路斯的金子装点的织锦悬挂在天花板和地板之间。

在这间屋里，富丽堂皇的梳妆台上装饰着金子做的盘子。大床上悬挂着精美的帘子，床边地板上的地毯由金子和各种装饰物做成，一直垂到床边的帘子由兰斯的亚麻布制作，价值三百多法郎。[3]床帘的上方是一个有丝般细致的亚麻制成的顶，没有任何的接缝（这是一种最新的方法），价值两百多法郎。它完全覆盖了整个的床和在四方垂下来的床单。刚刚生产的妇人躺在这床上，身穿深红色丝绸，靠在同样丝制的、绣着宝石的枕头上，如同一位贵妇人。上帝知道有多少钱浪费在这产后聚会的娱乐、沐浴和各种社交场所中，这是根据巴黎的风尚！虽然有很多挥霍的例子，但这种奢华超过一切，值得在本书中特别提到。这些事也出现在皇后的卧室中。有些人说巴黎的市民身体中流动着太充沛的血液，这带来各种各样的疾病。换句话说，大量的财富可以轻易地让人偏离正路。国王应该增加这些人的税收，[4]避免他们的妻子比法国的皇后看起来还要华贵，这对她们是有好处的。

如今这种情形并非正常，它根源于自大的心，并非明智的深思熟虑，做这些事的男男女女从中得到的并非尊敬，而是轻蔑。她们生活得好像皇后和公主那样，然而她们却不是那样的身份，也没有人认为她们是，她们仍然是商人的妻子，或者在伦巴第（Lombardy，意大利北部州名）因为出售小批量的货物被称作零售商的妻子。所有人都知道这些女人属于哪个阶层，她们过分地穿戴打扮自己，换句话说，穿戴上层阶级的装束，就更是一件愚蠢的事。即便这些男女在无论是穿着还是生活方式上大手大脚，置自己的生意于不顾；他们购买上好的马匹，生活得好像国王和领主一样，他们真正的社会地位也会无时无刻地追随着他们。不管自己买卖商品的工作和身份，却以为穿着与之匹配的服装为可耻的心态是非常愚蠢的。我们并非否认，任何人有权利穿着美丽、精制和质量好的服装，以及商人在法国和其他很多国家中的地位是被人尊敬的。但以上提到的那种人可被称作“伪装自己的人”，我们这样说并不是贬低商人的名誉，因为我们刚才承认商人的地位对那些配得的人来说是被人尊敬的。我们这样说是有一个美好的目的，希望给妇女们诚实和有用的建议。我们想保护她们不要沉浸于这样不必要的浪费的事物中，这对身体和灵魂都没有益处，还可能会导致丈夫上缴新的税项。[5] 所以妇女们根据自己的社会地位穿着与之相符的服装才是合宜的行为，也会带给她们益处。假定这些妇女的确很有钱，她们可以选择那些美丽精致却大方朴素的服装，而不必仿效别人的风尚。

亲爱的上帝，这些人应该如何处置自己的财富呢？当然如果他们能按照福音书的教诲储存财宝在天上，[6]是非常明智的。因为我们之前讲过，我们现在的生命虽然短暂，那将来的却是永恒的。将他们的财富用在慈善事业中，将财产分给穷人，对他们来说是一项美好的投资。上帝喜悦这样的行为，他们的很多人因着仁慈的美德做这样的事，就好像福音书中提到的那些人变卖了一切所有的，去买那块藏着宝贝的地。[7]这宝贝就是天国的喜乐。主教里奥（Leo）[8]在一次关于幽灵的讲道中这样谈到仁慈的美德："仁慈怜悯的美德是如此的重要，缺乏了仁慈，其他的美德也很难生长，因为无论一个人多么有节制，多么敬虔，能远离一切的罪，又拥有所有其他的美德，缺少了对别人的仁慈，那一切都是无益的。在审判来临的那天，仁慈会在其他众美德之前为那些爱慕它并遵守它命令的人树立旗帜，为他们开通天国的道路。而上帝将灭绝一切丧失了仁慈的人。福音书中清楚地证明了这一切。"

如果您，富有的妇人，希望以此而得拯救，在买卖交易的时候，不要以奸诈的手段欺骗你的邻舍。

注解：①见第二部分11注解①。

②不但生产本身为举办社会活动提供了机会，坐月子更成了庆祝和招待宾客的重要场合。孩子出生之后，产妇要穿上一件白色的袍子，坐在床上接受亲友的祝福。用奢侈的食物和酒水招待客人是当时的传统，社会高阶层的妇女可能卧床几个星期之久。

③1法郎价值20苏(sou)，2.6丹尼尔(denier)。实际的价值可能会改变，但是比率不变。

④艾迪（Aide）是一种买卖税，在14世纪的时候经常用来增加收入，为了支付与英国的战争或者处理一些紧急事件，比如支付好国王约翰的赎金。

⑤克里斯蒂娜暗指英国的亨利七世执政时的“Morton’s Fork”事件，大主教莫顿（Morton）需要替国王纳税。如果一个公民穿着俭朴，那么他一定把一些钱存起来没有花费在衣服上；如果他穿着奢华，他肯定有很多钱。无论怎样，大主教都可以劝说人们纳税。

⑥《路加福音》18：22。

⑦《马太福音》13：44，耶稣对天国的比喻之一。

⑧第五世纪的主教Leo the Great留下很多的教导和书信。他不仅是一位出色的演说家还对基督教义作出了重要的阐述。

4 对年轻和年老寡妇的建议

为了让我们的教导覆盖女性们在生命中所经历的各个层面，在各方面受益于我们的教诲，虽然我们在之前曾经针对皇后和公主那个阶层的寡妇们给过一些忠告，我们现在要给平民中的寡妇们一些建议。

亲爱的朋友，死亡夺去了您的丈夫，使您成为寡妇，我们为此非常难过。这令人悲伤的处境通常意味着很多现实的麻烦，这对于富裕的和贫穷的人来说可能是不同的。富裕的妇女总是要小心人们企图夺取她们的财产，而贫穷的寡妇可能会发现自己孤苦伶仃，得不到人们的同情。失去亲爱的人所带来的伤痛已经令您受到极大的折磨。但无论您是富裕的还是贫穷的，您都应该了解需要面对的三个困境。

第一个，就是人情的冷暖，人们不再同情或尊重您。那些在您丈夫（政府职员或职位较高的）在世的时候尊敬您的人不再友好，也很少来问候您。第二个困境是关于无穷尽的官司以及涉及土地和养老金的纠纷。最后一个困境是人们的冷言冷语，人们寻找各种借口以各样污言秽语攻击您。因此，您必须全副武装，来抵挡这些恶毒的攻击。我们提供给您有用的建议，虽然在别处有所论及，但因为和您的处境相关，我们愿意再次给您提供一些具体的建议。

对于您可能会在每个人身上看到的人情冷暖，我们有三个建议，首先仰望上帝，他为人类的罪甘愿受罚。如果你思考这一点，它会教导你存心忍耐，这个品质是你此时迫切需要的。将你的眼睛定睛在上帝的身上也会保护你脱离困境，因为你并不了解万物运行的道理，上帝将教导你世界上的世事变迁。

第二点建议，在你的言语上温柔仁慈，态度顺服，用你温和的请求，或许能够征服、柔软恶人的心。第三点建议在言语、服饰和态度上谦卑，用审慎和智慧的心保护自己免受伤害和逼迫。换句话说，远离那些恶人，避免和他们产生任何的关系。不要远离你的家，避免和邻居发生争论，也不要和仆人发生争吵。说话的时候不用抬高声调，但要坚定地保护自己的权利，这样，你可以避免很多不必要的伤害，也避免了为人所控制。

对于那些和你打官司的人（这是第二种困境），你要知道如果可能的话，应该尽力避免和任何人打官司，这会给一个寡妇带来很多的麻烦。首先，她在这些事上没有经验，不晓得其中复杂的细节。第二，这把她放在一个被动的地位上，必须取得别人的怜悯才能保护自己的权利，而人们通常不在乎女人的需要，只要有机会就会占她们的便宜，让她们为价值6个里弗尔花上8个里弗尔。①

另一个原因是作为一个女人，她不能像一个男人一样随时出庭。② 所以，我们建议如果损失不大，最好不要打官司。她要用尽一切的努力在法庭外解决问题。如果她是原告，她要优雅地保护自己的权利，看是否能用其他的办法获得解决。如果她为债务所迫，她要仔细考虑债权人的申诉。即便没有书面的文字或证人，她的良心告诉她的确是亏欠了别人，那么就应该及时地偿还，否则会使得她和丈夫的灵忧伤，上帝也会让她在其他方面亏损，损失比她现在所占有的还要加倍。但同时，她也要知道如何保护自己不被那些没有任何根据的谎言欺骗，选择做正确的事情。

在试过一切方法之后，如果她迫不得已还是要打官司，她应该知道三件事情。首先，要和有智慧的律师合作，他们在法律和司法这方面相当有经验。第二，要不辞劳苦。第三，有足够的资金。毫无疑问，三者缺任何一个，她都有可能会输掉官司。所以，对于一个明智的寡妇来说，有必要去请教一位年长的、有经验的律师，他们有打各种官司的经历（不要找年轻的律师）。她要仔细地陈明案情，出示必要的书信和文件。她要用心地聆听律师的建议，不要隐藏和案件有关的细节，无论是那些对她有利还是不利的，因为律师们只能根据所听到的作出正确的判断。然后，她要根据律师们的意见决定是否打这场官司。现在，如果她花足够的时间、精力和金钱来打这场官司的话，胜算就会大得多。要打赢那些敌人，她理应做这些事，她还要有男人的胸怀（换句话说，她要有足够的坚决、勇气和智慧）。③ 不要像一般的女人那样，在战斗之前就垮下了，以泪洗面，好像一只可怜的狗，被欺负的时候，只能躲在墙角里颤抖。这些软弱的女人会发现很多无情的人都企图从她的碗里分一杯羹，他们会以为你是无知和愚蠢的，不会对你有一丝的同情。所以，一定不要孤军作战、信任你一个人的能力，但要在一切事上寻求智慧的意见，特别是在那些你懂得不多的事情上。

对于那些年老的，没有意愿再婚的寡妇来说，应该用以上的方式处理事情。但对于年轻的寡妇，她们应该得到父母和朋友们的监护，直到她们再婚。她们应以友善的态度对待父母和朋友们，这样就会避免不好的名声。

我们针对第三种困境——也就是诽谤的言语的攻击——的建议是，尽量避免会引起流言蜚语的场合，无论是在她们的态度、举止还是衣着打扮上，一定要俭朴和端庄。除非是亲属关系，否则不要和男人太过友好或亲密，不要让男人经常出入自己的居所。甚至在和牧师和僧人的关系上也要谨慎，因为这个世界总是倾向于制造负面的猜测和传言。不要让人们对她的家庭产生任何的怀疑，无论多么信任自己的仆人，也不要介入任何不正当的亲密的关系中。另外，可能很多女人不以为意，但不要大手大脚花钱，以免人们说闲话。为了更好地维持生活，一个寡妇在生活上不要太奢侈，无论是在雇用仆人、穿着打扮还是吃吃喝喝上。寡妇正当的生活应当是朴素的，没有太多的点缀装饰。因为寡妇的生活是如此艰难（事实正是如此），有些人认为她们还是再婚的好。如果在婚姻里，一切的确都是安静平和的，那么再婚就是最自然不过的事情。但是，事实并非如此，每个女人都要在再婚的事上特别小心，虽然对于年轻的寡妇来说，这是有必要的，而且是给她们带来帮助的，但对于那些已经不再青春年少、有足够的金钱维持生活、不受穷困所迫的女人来说，再婚是不明智的。有些希望再婚的女人可能会说靠自己的生活实在让人活不下去，她们不信任自己的能力，说自己不知道如何照顾自己。但最愚蠢的事，就是一个年老的寡妇嫁给一个年轻的小伙子！不久，她口里唱的就是另外一支歌了。人们很难对她产生同情，因为她自己将不幸带到自己身上。

注解：①来自于一句俗语："丢西瓜捡芝麻"。

②在克里斯蒂娜的时代，巴黎冬天开庭通常在早晨6到7点。

③参见第二部分9注解①。

5 对年轻和年长的处女的建议

在我们的教导中，我们不应该忘记那些仍然拥有童贞的女孩或妇女们。这可能涉及以下两种情形：一种是出于对上帝的热爱自愿保持童贞，另一种是在等待由父母做主的婚姻的过程中。因为动机是不同的，对她们在穿着、结交朋友和生活方式上的教导也应是不同的。对于立志一生保持童贞的女人来说，她们过的是虔诚的、孤独的生活，虽然这对于所有女人来说都是合宜的，但对这些女人尤为如此。如果她们因为生存的缘故需要工作，必须将所有的工作都放到对上帝的服侍和敬拜之后。为上帝的工作包括禁食和节欲。但做这些事的时候一定

要谨慎，不要让自己承受不了，也不要使自己的身体受到伤害，而要在正确的建议下做这些事。在思想和行为上远离一切的罪，这样她们在一处的好行为就不会因着在另一处犯罪而抵消。因为如果仍然犯罪，即便做一个贞节、禁食、常常敬拜的处女也是毫无益处的。对上帝所献的祭应该是圣洁、毫无瑕疵的。如果给国王呈上上好的菜肴，却混杂着种种的误会和垃圾，这一点也不能取悦国王，国王完全有理由拒绝接受。所以，这些妇女的谈吐一定要简单、虔敬，不要多言多语；衣着朴素，举止端庄。她们的表情要谦卑，眼睛低垂，声音轻柔。要以上帝的话和教会的生活为乐。选择这种生活方式的女人是幸运的，因为她们选了那上好的福分。

另一种处女，就是还在等待婚姻的过程中的女人，应该在言谈举止上朴素端庄，特别是在教会中，要安安静静，垂下眼睛，定睛在自己的书本上。在街上或者公共场合，她们的态度也要是温顺的。在家中，不要游手好闲，而要常常找一些家事来做。衣服要合身、整洁、干净和端庄。头发也要梳理整齐。对所有的人都要言语有礼，但不要太多话。在庆祝的场合，要保持优雅的态度，因为很多人都会定睛在她们的身上。跳舞的时候仪态要端庄，

轻柔地歌唱，眼睛不要空洞地瞟来瞟去。她们不应该经常和男人们在一起，而要常常要自己的母亲和其他女性作伴。不要和任何人起冲突，包括和自己的仆人和侍女争论。对一个女孩来说，和人争论或顶嘴都是丑陋的，因为家里的仆人经常是流言蜚语的制造者，她会因此使自己的名誉受损。待嫁的女人在任何事上都不要太冲动或者随便，特别是有男人在场的情况下。无论在什么前提下，都要禁止男人对她有身体接触，特别是以玩世不恭的态度用手碰触她，或者和她开轻浮的玩笑，这一切对她的名誉都是有损的。

年轻的女孩子应该特别敬拜圣凯瑟琳[①]以及其他的圣女。如果她能识字，可以阅读这些圣女的传记。在某些天可以禁食，平日的时候饮食上也要适量。少量的食物，一点点酒就可以使她满足，因为贪吃和贪醉对女孩子来说都是很丑陋的。所以，不要让人看见她曾经醉酒，如果她犯过这样的错误，人们从此会失去对她的好感。

所以，年轻的女孩可以在她们的酒中兑入大量的水，[2]习惯性地只饮少量的酒。除了美好的品行和态度之外，年轻的女孩也要顺服自己的父母。尽力地服侍父母，听从他们安排自己的婚事。[3]不要不经过父母的同意决定自己的婚姻，也不要对此发表任何言论，或者听别人谈论这些事情。这样被教养成长起来的女孩子最有可能被那些真心寻求妻子的男人所追求。

注解：①亚历山大的圣凯瑟琳是一位14世纪的圣女。在中世纪的法国非常著名，很多年轻女人向她祷告，请求她的代祷和祝福。

②淑女们的一种习俗，圣奥古斯丁曾经称赞他的母亲圣莫尼卡在自己的酒杯中兑水。

③上层社会的婚姻很少出于个人的喜好，多是利益之间的联姻。

6 年长的女性如何对待年轻人，她们应该具备的品质

无论是在观念还是在沟通上，老年人和年轻人之间总是会出现争论和不和谐音，她们是如此地不能相容，好像属于两个不同的族类。年龄的不同导致社会地位和态度的不同。我们希望为不同年龄层的女性们带来和平。如果她们愿意听从我们的教诲，我们会给她们一些对她们有益处的建议。首先我们要谈论什么样的行为对年老的妇人是合宜的。

年长的妇人在行为举止、言谈话语和装束上都应该显得明智、有智慧。在行为上有智慧是因为她记得在生命中发生的大事小情，这样可以根据自己的经验作出决断。当她看到什么人因为某种行为或者习惯遇到什么好事或者坏事，她要想到如果她年轻时是那个样子，同样的事也会发生在她的身上。因此，通常说来，老年人比年轻人更加明智。这主要有两方面的原因：

第一，因为对人生的见解更加透彻，老年人的意见理应被认真地对待。第二，因为她们看得更多，经历的更多，所以，她们应该更加明智。否则的话，她们理应受到更多的责备。没有什么比老年人缺乏明智的判断、或者像年轻人一样犯错误（即便在年轻人身上这也是要被责备的）更加可笑的了。所以，年长的妇女要谨慎，不要做任何使她看起来愚蠢的事情。对于她来说，跳舞、嬉戏和放声大笑都是不合宜的。如果她生性快乐（有些

人生来比别人快乐，这并没有什么错），她也应该以更镇静的态度，非同年轻人的方式，而是更有威严的方式表达她的快乐。说话的时候要态度平静，在玩耍的时候仍要保持端庄的态度，避免粗鲁的举止。虽然我们建议她要表现得有智慧和尊严，我们并不希望她态度急躁、脾气暴躁、言语无礼、专会挑错，以此来显得自己有智慧。她应该刻意地避免这些老年人经常会有的易怒、怀恨、乖戾等情绪。为了这个原因，当她意识到自己有争吵或愤怒的情绪，明智的年长妇女应该压抑自己的怒气，对自己这样说："天啊，你这是怎么了？你要做什么呢？这是一个明智的女人应有的行为吗？像你现在这样生气？如果你知道这样做是错的，就先冷静下来，不要讲话这样刻薄。如果你能看到自己在生气的时候表情多么丑陋，你自己会吓一跳。你应该对人更加的和蔼可亲，更加随和，如果非要责备谁，态度也要更加柔和。发怒不讨上帝的喜悦，对你也没有益处，更不会让别人爱戴你。一定要忍耐。"智慧的妇人感到自己要发怒的时候要对自己这样说。

除了具备明智的态度，年长的妇女要穿着剪裁得体、端庄大方的服装，马肖（Machaut）①曾说过：过分装扮的妇人让自己成为别人的笑料。她还应该保持平静、可敬的表情，虽说得体的衣着代表身份和地位，这种肃穆的表情更是年老女性智慧和有尊严的象征。这位妇人对自己的言谈要特别的谨慎，不要让那些粗俗、卑鄙的话出自她的口，因为老年人说话粗俗也是极其可笑的一件事。

但回到我们刚才谈的话题上，也就是老年人和年轻人之间常常出现的争论：聪明的妇女应该就此反省，当她感到需要批评年轻人因为年少所犯下的错误，她应该对自己说："我也曾经年轻过，回想在那些日子你所做过的那些事，你愿意人们用这种方式责备你吗？为什么这么不能容忍他们的错误？想想年轻人要经历的种种试炼，你应该怜悯他们，你自己已经走过了这条道路。”

“你可以管教年轻人、纠正他们的错误，但不要怀恨、甚至诽谤他们，因为他们并不知道自己做的是什么。所以你要忍耐他们，有需要的时候才指出他们的错误来。如果别人批评甚至非难这些年轻人，你要因着怜悯原谅他们，记住年少的无知，让他们没有办法作出更明智的判断。虽然你现在已经没有了那些年轻时候的冲动，因为年纪的缘故不再做那些愚蠢的事，年纪使你变得老练、冷静，然而，你并非是无罪的，你可能比你年轻的时候或者其他许多年轻人还有更多的罪。如果说某些罪恶离开了你，其他恶习却可能占据了你的心，比如嫉妒、贪婪、愤怒、不耐烦和贪吃（特别是酒，是你经常恋慕的）。理应明智的你没有能力胜过这些罪，因为年纪的缘故引诱你犯罪。现在，你希望这些年轻人比你更明智，完成你自己都不能完成的任务，就是胜过那些罪，因着年轻放在他们思想中的那些试探。所以，不要再去惹年轻人的气，不要再抱怨，因为当你鉴查自己的心的时候，那里有更多值得你担心的。当你不再贪恋年轻时的恶习，不是因着你的德行，而是因为自然的本性让你不在恋慕它们，也正因为这个原因，令你如此不能容忍这些事情。”

注解：①纪尧姆·德·马肖Guillaume de Machaut (1300—1377)是一位多才多艺的诗人、作家和作曲家，是很多爱情歌曲和赞美诗的作者。

7 年轻的女性如何对待她们的长辈

现在我们要教导年轻人不仅要避免和老年人争论或者表现出蔑视的态度，更要尊重老年人。

年轻人啊，你们总是能很快地学习新事物并且牢牢地记住，我们的教导可以让你因着了解和遵行对老年人应有的态度和权威而得福。这一课包含五个要点：第一是应有的尊敬，第二是顺服，第三是敬畏，第四是安慰和帮助，第五是鼓励你常常思考长辈对你的付出以及你因着他们收获的益处。

关于第一点，也就是老年人理应获得的尊敬，曾写在一位希腊国王莱克格斯（Lycurgus）的法典里，[①] 这位国王制定过很多优秀的制度，其中之一就是年轻人要尊崇和尊敬长辈。有一次这位国王差遣他的大使出访外国，随行的有一些年轻的贵族和骑士。他们准备在那个国家演讲的时候，那个地方坐满了听众，很多人聚集到这里要听听大使们的演讲。所有的地方都坐满了。这时一位老人来了，像其他人一样四处寻找座位，但他本国的人没有一个起来给他让座的，当他来到这些外国人所坐的地方，那些年轻人立即站起来，根据他们国家的法律向这位老年人行礼，然后把座位让给他。这件事广为流传，受到很多人的称赞，每个人都因此而尊重那些少年人。罗马人也有类似的传统。年轻人应该用心聆听这教诲，你要知道真理和理性授予老年人这样的荣耀，就连《圣经》也是这样教导的。[②] 我们可以向你保证，这样的行为会使人们称赞你的美德，因为荣耀不是授予承受美德的人，而是赐给行出这样美德的人。尊敬老年人意味着无论何时避免嘲笑长辈，做或说让他们伤心或愤怒的事，或者任何邪恶的事。不要像有些恶劣的年轻人那样，称呼老人“老家伙”或“老太婆”，冒犯或者挑剔长辈，这都是要受到人们的谴责的。

第二点，顺服长辈意味着在你的心里，你要非常地确定长辈们比你更明智。在你的一些重要的决定上，听从他们的判断，采纳他们的意见，服从他们的规定，是对你更加有好处的一件事。这样做也可以避免人们的批评。

第三点，虽然老人们可能在体力上不如你，你不必惧怕他们，但你仍然要敬畏他们像你敬畏自己的父亲母亲一样。因为他们有处罚的权柄，对他们心存畏惧是合宜的。换句话说，不要在老人们面前任性而为。

第四点，你要以仁慈的心帮助他们，在他们生病和困难的时候，尽心尽力地安慰他们。要记住有一天你也会衰老、软弱，到那时你是多么希望有人来安慰你。你也应该为了上帝的缘故做这慈善的事，因为没有什么疾病比衰老更可怕的了。

第五点，要常常思想你从长辈那里获得的益处，这可以帮助你对他们更有耐心和爱心，正是这些老人建立了先进的科学和法律，使你从中受益，你对此无法报答。每一天，也正是这些老人在各地、各个国家和世界各处维护着法律和秩序。虽然你年轻有力，若没有这些老人，世界早就一团混乱了。《圣经》中也这样写道：“邦国啊，你的王若是孩童，你就有祸了。”③ 年轻人应当按着这些准则对待老年人，以使你自己的美德和名誉加增，在老年人中间传开的美好的名誉才是非常可靠的。所以，你理应讨他们的喜悦，就会得到他们的称赞。我们在这一部分的建议对不管男人还是女人都适用。

但回到我们对女人的教导上，通常来说，老年人具备以上提及的好的品质和优势，他们是智慧的，也是配得尊敬的，但还有一些可怜的老人，陷在自己的罪和恶习之中，他们没有良善。要尽力回避这些人，但要和值得尊敬的年长妇人交朋友，在她们的陪伴下参加各种聚会，你会得到更多的赞扬，也会更加有自信。如果在聚会中发生什么麻烦，人们不会责怪那些有尊贵的老年妇人陪同下的淑女的。所以年轻的女性，正如我们之前所说的，理应服侍、尊崇、尊敬年老的妇人，并以耐心与之相处。如果有的时候这位年轻的女士觉得很难接受老年人的指责，也不要粗鲁地顶嘴，她或者保持沉默，或者有礼貌地回答，尽力安抚老人，避免做什么明知会让她生气的事，这样，她就会得到赞扬。

如果年长的妇人和年轻人用以上教导的态度彼此相待，那么这经常不和谐的两群人就可以在和平里共处。

注解：①希罗多德提到的莱克格斯（Lycurgus）是著名的斯巴达政府和社会体系的创始人。

②十诫之一：孝敬你的父母。《申命记》5：16。

③《传道书》10：16：邦国啊，你的王若是孩童，你的群臣早晨宴乐，你就有祸了。

8 工匠的妻子和她们的行为规范

现在让我们来转向工匠的妻子们，她们常常居住在巴黎等大城镇中。她们可以学习之前所有的教导。在这些手工业者中间，金匠、刺绣工、军械工、织锦制造者等工人比泥瓦匠、皮鞋匠等工人更被人尊敬。这些工人的妻子必须非常吃苦耐劳以维持生计。她们应该鼓励丈夫和女工们早出晚归，因为，请相信我们的话，没有哪种生意能好到即便你怠慢你的工作，第二天还能有面包吃。除了督促丈夫，妻子自己也要熟悉一切的工作，这样在丈夫外出的时候就可以亲自监督工人做工。她要确保没有游手好闲的工人，因为很多主人都是因为这些不敬业的工人而破产。当顾客和丈夫拼命地讨价还价时，她要提醒丈夫不要做一桩赔钱的买卖。她也要建议丈夫要小心借贷，特别是不知道这些钱的去处的时候，这也是很多人贫穷的原因，虽然有的时候是为了赚更多钱而接受了一个诱人的提议。

另外，她要尽力经营和丈夫之间的爱情，这样，丈夫更乐意留在家中，而不是经常和一帮愚蠢的男人留连于镇上的小酒馆，像巴黎的好多商人们那样沉湎于不必要的大手大脚的花销中。妻子要亲切地对待丈夫，保护他避免养成这种恶习。通常来说，有三样事情把一个男人推出自己的家门：好争吵的妻子、冒烟的壁炉和漏雨的屋顶。① 妻子也应该乐意待在家中，不要每天在镇上闲逛，和邻居传闲话，或者打听别人的私事。那些不修边幅的家庭主妇，经常成群结队地在镇子里闲逛。不要加入她们的行列，更不要因此产生不必要的花销。另外，她要经常提醒自己的丈夫生活应该节俭，不要入不敷出，这样在年底的时候就不会被债务缠身。

有孩子的主妇应该把孩子送到学校，让他们受到良好的教育，从而知道如何更好地讨上帝的喜悦。然后，可以让他们选择某个行业，自力更生，无论是哪种行业的培训对孩子来说都是一笔重要的财产。最重要的事要教导孩子避免养成挥霍和奢侈的恶习，这不仅是这些孩子的耻辱，也将成为他们父母的罪过，让他们成了孩子走上罪恶道路的罪魁祸首（因为太纵容孩子，让孩子们养成挑剔和奢侈的恶习）。

注解：①这在14世纪是一句流行的谚语，根源于《箴言》27：15。

9 给侍女和女仆的建议

为了所有个女人都可以从我们的教导中有所得益，我们对巴黎和其他地方的仆人和侍女们也有相应的教导。出于生计的需要，她们中的很多人年纪轻轻的就要出来服侍别人，这个职业可能会导致她们不如别人那么了解关于灵魂得救的事。她们可能不了解参加弥撒、听布道、念祷告词的重要性，[①] 有些人可能很乐意去做，但服务别人的工作却不允许她们那么做。

我们理应告诉她们什么样的言行举止有益于她们的得救，什么是应该避免的。对于有些事情，她们的女主人做了是不可原谅的，然而上帝会对她们网开一面。例如，一个侍女为了生计，为了更好地服务于主人，必须起早贪黑，在每个人都进餐之后吃一点什么，根本没有时间好好地坐下来吃东西，只能在工作的间歇东吃一点西吃一点，她所能吃的也不会很多，可能只是可怜的一点。对于她来说，不能在教会规定的那些日子禁食，上帝会原谅她的。的确，那样做可能会伤害她的健康，使她不能再养家糊口。但她不应该因为贪吃或者其他愚蠢的想法违反禁食，比如："我是一个仆人，我不一定要禁食。"谨慎和良心决定什么是正确的，因为有些侍女可能比那些常常为了上帝禁食的家庭主妇还要清闲，我们说的对她们就不适用。我们对参加教会活动和祷告的建议也是一样。

那么一个好的侍女如何才配得拯救呢？首先她要了解上帝是全知的，请求上帝给她一颗善良的心，她就不会偏离正路。良善的心可以让她的灵魂得拯救，保护她不走邪恶的道路。她要在言语和行为上都对主人忠心，精心地服侍他们。即便在工作的时候，她也可以默默地祷告。如果她不能亲自去教会，她可以把心带到那里。虽然很难相信有人可以忙到这个地步，总是找不到一个清晨参加弥撒。如果她做了这些，也尽了一个女仆的职责，那么她就是走在得救的道路上。

但有些腐败和邪恶的女人所做的却是指向灭亡的道路。我们要严厉地指责她们的恶行："这些善于撒谎的女仆知道如何进入到中产阶级或者富人的家里面工作，如何欺骗管家，她们被委托重要的任务，比如购买日常的食物。在商场里，她们擅长'敲打水果篮'，意思就是谎报食品的价钱，从主人给她的钱里面克扣零钱。比如她们说买这块羊肉花了4个里弗尔，而实际上只值10布朗克或更少。②依此类推，长此以往，她们的行为会给主人造成很大的损失。在家里，她们制作面包，给主人报账，但是把最好的食物留下来，这样当主人不在家，女主人也去做弥撒的时候，她就在厨房里召开她的宴会，还用最好的酒招待自己的客人。隔壁的女仆过来和她一起掠夺主人的东西。她们把面包带到她们在城里的房子，请他们的情人过来吃喝，一起度过无比快乐的时光。

这女仆的同伙代替她在主人的房子里洗衣服、擦亮银器，女仆在外游荡的时候，她就把家里的工作都做完了，这样当主人们回家的时候，发现家里的一切都井井有条，但他们不知道自己竟被诈骗了！有些时候，女主人以为女仆在河边洗衣服，事实上她正舒服地沐浴享受，让别人干她的工作。女主人可能不用亲自付给她们薪水，但主人不知道这些人已经报销了家中多少瓶美酒。

如果家中的女主人是刚刚结婚、又不是很聪明，这个女仆就更可以大干一场了。她知道如何奉承男主人，以平等的语气和他讲话，尽力地讨好他，使他愿意倾吐关于妻子的和其他的秘密。一方面，她蒙蔽了男主人的眼睛；而另一方面，她也要讨好女主人，使他们二人都相信她简直就是他们的救世主。当家里日用的一切——酒、食物、蜡烛、面包、咸肉、盐和其他主食——都打理好了，主人若察觉日用品消耗得过快，她早就准备好了答案，那是因为主人们经常召开宴会，邀请那么多人来吃喝的缘故。更糟糕的是，如果有哪个追求者拜托她给女主人带信，并许诺送给她贵重的礼物，她在这事上毫不警惕，可能会导致女主人的身败名裂。这样贪婪的仆人会给家庭带来多么大的伤害！虽然她们知道如何把人服侍得舒服、如何奉承主人、做好吃的菜肴、把屋子收拾得整齐、礼貌地回答问题，但她们也擅长蒙蔽人的眼睛，使人们对她们的恶行防不胜防。她们越是掩盖，越是装作虔诚，甚至在教会中祷告，她们就越是危险。

所以，如果你有仆人，一定要提防这些诡计，不要被他们欺骗了。对于那些服侍别人的，我们说这些是要叫你警醒，并厌恶这样的行为，因为无论谁这样做，都不可避免地为自己招致身体和灵魂的灭亡。也正因为这样的人，很多人无辜地受到火刑的审判，甚至被活活烧死。③

注解：①克里斯蒂娜指的是玫瑰经和福哉马利亚颂赞的祈祷。玫瑰经（玫瑰念珠效仿戴在圣母雕像上的玫瑰花冠）以主祷文的两个首字母命名，玫瑰念珠由木头、石头、贝壳、象牙和珍珠制成。

②1布朗克（blanc）硬币价值5丹尼尔（denier），12丹尼尔是1苏（sou）。苏不是硬币，只是一种流行用法，丹尼尔是一种货币单位。

③这些惩罚措施通常用来对付通奸，由丈夫来决定。参见第一部分27注解①。

10 对妓女的忠告[1]

如同日头照好人也照歹人，[2]我们不以教诲那些愚蠢的、轻浮的以至于过着不检点的生活的女人为耻，但我们承认这种生活是令人厌恶的。我们也毫不羞愧地指出，主耶稣自己对待这些人的态度也与对待其他人并无二致，他指出她们的错误，引领她们远离罪恶。[3]所以，为了仁爱的缘故，或许我们的教诲能帮助她们中的有些人转离这种不道德的生活方式，我们针对她们也有一些建议。没有什么比拯救一个罪人出离罪恶更仁慈的事了。

我们想说：可怜的陷在罪中的女人，我们但愿你的眼睛打开，你的心灵苏醒。回到那些还是阳光灿烂的日子，那些不会再在噩梦中惊醒的日子，那时你还活着，在罪恶带你上路以前，死亡的阴影还未曾笼罩下来。没有人知道自己的人生何时走到尽头。想想你现在的生活，如此的肮脏，使你不仅要承受上帝的愤怒，更为这个世界所唾弃。正派人都从你面前逃走，根本不愿意看到你，所有的目光都越过你。你怎能容忍自己这样的被厌弃？你陷入罪中，一个本来生性柔和谦卑的女子怎能沉沦到这种境地？她怎能忍受放荡的生活、在比猪啰还卑贱的男人中纵酒作乐，让这些男人折磨她，把她拖来拽去，威胁她，带给她死亡的危险？为什么女人应有的端庄和矜持在你身上荡然无存？哦，以上帝的名义，你这个号称基督徒的女子，离开这污秽的泥塘，站起来，不要让你的灵魂再背负着这些罪恶。全然怜悯的上帝会接纳你，如果你悔改，请求他的原谅。以埃及的马丽亚为例，她从放荡的生活中回转，现在已经在天国中了。[4]同样的，圣阿弗拉(St Afra)曾经犯罪，但她把自己的身体献上，为了成全自己对上帝的爱。[5]还有很多其他类似的例子。你可能会像这样为自己找借口，说我很愿意这样做，但有三样事阻拦你：其一是你的那些客人不会允许你这样做；第二，这个世界也不会再接纳你，你没有办法在普通人面前抬起头来；第三，你不知道别的谋生的手段，除此以外不能养活自己。

但在我们看来这些理由根本站不住脚，所有问题都有解决的方法。你要知道当一个女人真心离弃罪恶，再也不回到那种堕落的日子中去的时候，她并不卑下。如果她悔改请求上帝的原谅，上帝也会保护她脱离那些企图阻拦她的人的手。而她自己，如果希望在行为和外貌上远离罪恶，就必须扔掉那些不雅观的衣服，[6]然后穿上朴素的长袍，远离那些过去常常光顾的场所。她要常常参加教会活动，虔诚地祷告，顺服牧师讲道中的教导，常常忏悔。对于那些因为她的过去指责她的人，她可以简单地回答他们，她宁愿殉道也不愿再犯罪，因为上帝的恩典让她悔改、远离恶行，世上的一切也不能让她再回到从前。于是，她可以从罪中得释放（寻求上帝的帮助）。如果有恶人不放过她，她要寻求地方官员的帮助，他会可怜她，她就可以站立得住。

对于第二个理由，也就是世界会鄙视她，我们想说，请不要这么想，或者不要因此而放弃，因为事实并非如此。那些看到她改变的、以自己的罪为耻的人会怜悯她。他们会张开双臂欢迎她，对她说亲切的话，帮助她可以坚持得住。人们看到她现在有着令人尊敬的生活方式，敬虔和谦卑的态度，那些过去指责她的人都会乐意和她交朋友。因着好行为和上帝的恩典，她可以从羞辱中恢复自己的名誉。为什么不呢？既然上帝都赦免了她，用恩典接受她，世界没有理由唾弃她。每一个沉沦的女子都应该寻求悔改，她愿意的话就可以做到。

至于第三个理由——没有谋生的手段，我们要说，如果她的身体强壮到可以承受那么的邪恶、苦难和鞭打，她可以用同样的一个身子来做正当的事情。如果她愿意的话，很多人都会让她为他们洗衣服。人们会怜悯她，乐意帮助她找事情做。但她一定要小心，不要让人看到她再做任何的恶事。当她居住在一个小地方，周围有很多好邻居的时候，她可以纺线织布及照顾生病的人和产妇。她要过一个简单、清心的生活，不要醉酒，或者和人争吵。不要说一句轻浮或者粗鲁的话，对人要谦卑有礼。她要尽量地避免男人的注意，否则她很容易会再次失去一切。这样做的话，既可以取悦上帝，又可以谋生。以这种方式每赚到的一分钱都好过在罪恶的生活里赚到的一百块。

注解：①妓女在中世纪的时候非常普遍，当时通常采取管理的措施，并非禁止整个行业。在有些地方，这还被看做是对那些令人尊敬的妇女的保护，强奸和通奸被看做是比较轻的罪恶。在巴黎，有很多的妓院和红灯区，还有小酒馆和公共澡堂，这些地方通常是男女隔离的，但有时也是妓院的另一种掩饰。

人们对妓女的态度也是复杂的。如同克里斯蒂娜所说，妓女在有些地方被社会摒弃，妓女需要穿上特制的衣服。但克里斯蒂娜的观点和当时官方的很不同，她从妇女的利益考虑，强调妇女在那种行业中受到的粗暴待遇。

②《马太福音》5：45。

③《马太福音》21：31-2和《约翰福音》8：11，耶稣对被抓住行淫的女人说："我也不定你的罪，去吧！从此不要再犯罪了。"

④埃及的圣玛利是民间信仰的偶像，她在亚历山大过着不道德的生活，来到耶路撒冷之后成为基督徒，从此在沙漠中过着隐居的生活。

⑤圣阿弗拉是第四世纪的妓女，后成为基督徒，在火刑柱上殉道。克里斯蒂娜在《妇女城》III.17中记载了她的故事。

⑥法律规定了妓女的服装，但新的"制服"代表新的工作和身份。

11 对令人尊敬的贞节女子的称赞

如同白色和黑色如此不同，当这两种颜色被放到一起的时候对比更是鲜明。所以我们决定在这里花更多一些笔墨，写给那些令人尊敬的贞节的女人们。她们配得称赞，让她们所做的一切不会徒然，让这些好行为也成为其他女人的喜乐，使她们都乐于效仿。接在我们对那些可怜的罪人要说的话之后，正如那些罪人可以靠着上帝的恩典悔改、得到拯救一样，好的女人也有可能受到罪恶的引诱，或者因为自身的软弱从而偏离正路，走上毁灭的道路。谁是最虔诚的朝圣者只有到旅途的终点才能知道。[①] 所以，因为人性的脆弱，任何人都可能跌到，没有人应该以为自己比圣彼得、大卫王或者所罗门还要坚定，[②] 他们和其他一些很有学问的人都曾经跌倒过。以下是我们想要和您——令人尊敬的贞节的女子分享的信息。

亲爱的朋友，请接受我们诚恳的问候。对贞节发出赞美的喜乐驱使我们迫不及待地和您分享这一高贵品格的特性，以及给予它的赞美，如同一位工匠越因着手中的工作受到夸奖，他就越享受做工的乐趣。虽然我们不能列出这一美德所有的好处，我们要重点谈论几个最重要的。

贞节使拥有它的人蒙上帝的喜悦，否则非但不能取悦上帝，还注定了要灭亡。圣安布罗斯（St Ambrose）曾说过贞节可以将一个人变做天使。圣伯纳也同意，他说没有什么比贞节的美德更令人可爱慕的了，这使人的身体可以成为上帝喜悦的居所。“贞节，”他说，“是这个世界上唯一可以代表天国不朽的特质，也就是说，拥有这一美德的人可与天使媲美。《圣经》中很多地方记载了对这一美德的称赞。”除了在天上的价值，经验告诉我们这在世界上也是配得称赞的，即便她犯了很多错误，但人们也会因着她的贞节而尊重她。反之亦然，如果她做的好事再多，缺乏贞节的美德，人们也会在背后耻笑她。

所以，请你——有好名声的女子——继续以贞节的美德为乐，但不要用言语或手势虚假的宣传自己的贞节。在上帝眼里，没有什么是可以隐藏的，他知道你所有的事情，会因此而审判你。不要像有些愚蠢的妇女，企图用谈论别人的方法隐藏自己的错误，或宣称自己的行为多么高尚，多么痛恨不贞节的行为。这种态度会让人耻笑。越是明智的女人，越是会在这种事上保持沉默。当她谈论别人的时候，没有证据能说明她自己比别人更贞节，所以谈论别人反而会引起别人的猜疑。你不应该因为自己的贞节而骄傲，甚至瞧不起别人，以为自己知道其他人的隐私。不要企图贬低别人来吹嘘自己，证明自己更优秀。

我们这样说有两个原因。首先，你不知道以后会发生什么，或者你会碰到怎样的诱惑，像一句谚语说的：“狼有时也不放过年老的羊。”另外一个原因是即便你没有这种恶习，也可能有其他在上帝眼中看更为恶的罪，虽然那以世界的观点来看可能并非那么不名誉。你应该怜悯那些行为堕落的女人，为她们祷告，给她们挽回的机会，并且感谢上帝保护你远离了那恶行。你要求神给你坚忍的心。避免试探的环境，在神面前谦卑自己。不要心存骄傲，而要心里温顺，这样就能最大限度承受全能上帝赐给你的荣耀。

注解：①参见第二部分5注解②

②这三个圣经人物都具有美好的品格，但都曾经在勇气、自律和圣洁的原则上跌倒过。彼得否认耶稣三次（《马太福音》26：69-75）；大卫和拔示巴通奸，在战争中借刀杀害了她的丈夫（《撒母耳记下》11：3）；所罗门妻妾成群，还受外国妻子的影响拜她们的偶像。“这在耶和华眼中看为恶”（《列王纪上》11：6）。

12 给劳动者妻子们的建议

在接近我们整个教导尾声的时候，我们要转向乡村中的劳动妇女们。我们不需要提醒她们警戒奢侈的生活方式，因为她们的生活和这些过度的消费毫不相干。虽然他们吃

黑面包、咸肉和稀粥，只有水可以喝，每天辛苦做工，但她们的生活反而比那些身居高位的人更有安全感，在生活必需品上更充裕。因为无论哪个阶级的女性都需要生活上的指引，我们很高兴和她们分享我们的教导。以下是我们的信息。

生活在村庄、乡下和山里的妇人们，你们可能不会经常听到牧师在主日的时候关于灵魂得救的讲道。但请记住我们的教导，如果你看得到本书的话，不要让那欺骗你的无知剥夺你被拯救的机会。你首先要知道有一位全知、全能、全善、全然公义的上帝，在他那里一切都不能隐藏，他会根据每个人的善与恶给每个人应得的审判。人需要爱来服侍上帝。因为他是良善的，他看中那些出于忠心的服侍，他也知道每个人的有限，所以只要在自己的能

力范围内忠心服侍就够了。因为你用劳动来维持自己的生计，以及供给人类的需要，你不能像别的女人那样常常禁食、祷告或者参加教会活动。但是，你和其他人一样需要拯救，所以你必须以另一种方式敬拜神，那就是用心灵和意志来敬拜他。

要常常提醒你的丈夫，当他们在主人的地里干活的时候，他们理应同样地用心。如果是收庄稼的时候，要用小麦支付自己的主人，不要在里面混合黑麦。不要把最肥美的羊羔藏起来，给主人次好的；不要谎称羊死了，或者用其他野兽的皮欺骗主人，不要付给主人最差的羊毛。不要谎报主人家的财产和家禽。妻子们应该提醒丈夫不要在不经人允许的情况下，用人家的木头建造自己的房屋。管理葡萄藤的时候，要在一年中最合适的时间辛勤工作。在他们得到主人的信任来管理其他工人的时候，如果雇用工人的薪水是6布朗克,① 不要谎称7布朗克。好妻子应该在这一切的事上提醒丈夫，使他们远离恶行，避免受到上帝严厉的审判。

忠心良善的仆人无疑会被拯救，他们的生命在上帝的眼中看为美。妻子们应该严格地劝诫丈夫和孩子们不要在夜间（或者白天）破坏别人的篱笆偷窃人家的葡萄或其他各种的水果，不要在邻舍家的草场上放牧自己的牛羊。不愿意别人从自己家中夺取的东西，也不要夺取别人的。尽可能参加教会活动，按期十一奉献，② 以及向上帝祈祷。他们应该和邻居和平相处，不要因为一些小事就闹上法庭，不要像一些农民那样，以起诉别人为乐。要信靠上帝，对那些有困难的人心存怜悯。遵循这些原则，善良的男女就可以得着拯救。

注解：①见第三部分9注解②。

②十一奉献，将收入的十分之一纳税，付给教会，但实际付给世俗的国王而非神职人员。

13 给穷人的话

我们在本书的开头首先讲给贵族，然后是各个阶层的女性，现在我们以对这上帝所爱的、世界却憎恨的一群人——穷人——讲话为本书的结尾。我们对他们的劝诫是要心存忍耐，因为希望的冠冕为他们存留。希望这样承诺他们：贫穷的有福了。上帝在福音书里向我们显明，贫穷又心存忍耐的人，天国是他们的。因着这应许应当快乐，因为这超过世上的一切，没有什么今生的财富能与之相比的。[①] 无论是国王、王子还是富人，如果他们没有感到自己灵里面的贫穷，除非他们厌弃世上的财富，是得不到这样的应许的。上帝所爱的朋友们，请记住我们的忠告，它可以帮助你抵挡那许多不能忍受的痛苦的打击，好比饥饿、寒冷、居无定所、凄凉的晚年、生病的时候没有人安慰、还有世界对待你就好像你是另一个族类，不是基督里的一个弟兄或者姐妹。如果这些苦难攻击你，你不会失去上帝给你的应许，但愿希望的女神安慰你，让你有信心的盾牌和忍耐的盔甲，抵挡一切的攻击。

希望女神赐给你五支利剑来抵挡贫穷的攻击，使你过一个得胜的生活。第一支利剑："噢可怜的罪人，你为什么忧愁呢？为什么抱怨贫穷，想想看穿着国王外袍的人不会得到相应的报酬吗？（'哦我的造物主，万王之王，你将你的外袍为我披上，在我的灵魂和肉体之上；

因着你按着自己的形象造我，我的生命才有了意义。我的身体是血肉之躯，穿的是贫穷，如同你来到世上时拥有的身体和衣裳。在你选择了贫穷的时候，没有人像你那样使贫穷变得高贵起来。你的判断非同人的判断，这个世界上没有谁比你更贫穷了，你出生在卑微的马槽里，在寒冷的冬夜，包裹在一块破布里。谁能比你更贫穷？你选择这样度过你的一生，除了你给穷人的救济，你从没拥有过任何自己的财产。你要经常忍受饥饿、口渴和各样的缺乏，你选择死亡和赤裸的羞辱，你甚至没有枕头来安放你高贵的头颅。啊，我这个可怜的人，我还要抱怨贫穷吗？上帝，我感谢你给我这样的荣耀，让我忍受着短暂的饥饿，就可以与你同坐在永恒的国度里。因此，我心里满足，愿你的旨意成就在我的身上。’）”

希望女神赐给你的第二支利剑是：“在你生病缺乏人安慰的时候，如果你可以忍耐，你的美德就会加增。”

第三支利剑：“你年纪老迈没有朋友，这些朋友对你来说有多重要呢？他们能为你做什么？他们不能延缓你的衰老，也不能加增你的美德。你的身体越是渐渐老迈，你就越接近旅途的终点你的上帝造物主，他（如果你心存忍耐）将更新你的力量、荣耀和喜乐，如同他对自己忠心的仆人所应许的那样。”

第四支利剑：“如果你现在躺在干草上、粪堆中或其他卑微的居所，几乎不能维持生计，当你想到将来天上荣耀的居所，你不再有任何的缺乏的时候，你还会自叹不幸吗？记住当下的苦难并非永恒。”

第五支利剑：“如果这个世界唾弃你，你因此感到受伤害，想想那些在世的时候享受一切荣耀的君王、伟人和富人们，他们现今都死了。他们享受的那些尊贵可能正是他们灭亡的原因，你现在的处境可能对他们反而更有益处。”

当你拥有这些利剑，乐意接受自己的贫穷，信靠上帝，不再期望任何不讨上帝喜悦的东西的时候，你这贫穷的妇人可以战胜一切苦难的攻击，即便这些攻击在物质极度缺乏的时候是那么的猛烈。通过这样的行为，你可以拥有更大的财富，比一千个世界能盛下的还要多，而且这些财富是永恒的。因此，虽然处境艰难，你要为上帝把你摆放在这样的地方赞美上帝。你也要常常以此来安慰你的丈夫，彼此鼓励、帮助。寡妇们也应在上帝那里寻找安慰，等待上帝为你预备的永恒的喜乐的来到。

克里斯蒂娜，我们的朋友，我们把你交托给全能的上帝，也在此结束我们的工作。

注解：①登山宝训，见第一部分4注解①和第二部分13注解⑤。

②见第一部分18注解①。

③见第一部分22注解①。

尾声

就这样三位女神住了声，消失了。我，克里斯蒂娜，仍然坐在那里，在写了这么多之后如此疲惫，但又如此兴奋，因为我的眼前摆放着我记述下来的她们珍贵的教诲。越是注视着它们，它们看起来越是宝贵：它可以让女人们从中受益、培养美德、让全世界的女性 ——现在和将来的——得着荣耀。所以，我，她们的仆人（虽然我不是总能为她们付出时间和精力，我却总是渴望着这样去做），打算尽可能将这书分发到世界的各个角落去，在不同的场合赠送给公主、皇后和出身高贵的淑女们， 让它得到应有的荣耀和名誉，也要流传给其他的女人阅读。这样，就可以在所有国家发行本书。这本书用法语来写作，因为法语在这世界上比其他的语言更通用，这样此书就不会沦于无用或者被人遗忘。很多有权威的、伟大的女性都可以看到和听到这些教导。

愿三女神为她们的仆人克里斯蒂娜祷告上帝，让她在这世上的生命长久，接受在她的有生之年对她们的问候。恳请上帝因着他的怜悯，使她在他的眼前蒙恩，也赐给她知识之光和真正的智慧，向众人传扬和赞美高贵的美德和见证。当她的灵魂离开了身体，息了地上的工作之后，请为她献上主祷文、祭物和对上帝的敬拜， 平息她的罪带来的痛苦，从而可以把她交托给上帝，和圣父、圣子和圣灵的永恒的国度。阿门。